石木ダムの真実

ホタルの里を押し潰すダムは要らない！

ダム問題ブックレット制作委員会 編

ふるさとを守れ！
13世帯、執念の戦い

花伝社

川原集落 - 虚空蔵山を望む

川原集落 - 集落入口

川原集落 - 蛍の乱舞

機動隊との戦い

石木川の河川開発調査に関する覚書

長崎県東彼杵郡川棚町字川原郷、岩屋郷、木場郷（以下「甲」という。）と長崎県（以下「乙」という。）は石木川の河川開発調査に関し次のとおり覚書を取りかわす。

第1条　乙は、甲の同意を得て、石木川の河川開発のための地質調査（ボーリング5ヶ所、地震波試験8ヶ所）およびその周辺の地形測量を実施するものとする。ただし、調査内容を変更する場合はあらかじめ甲の了解を得なければならない。

なお、調査のため、物件に損傷をあたえた場合は、甲、乙話合いの上処理することとする。

第2条　乙は地質調査等開始の時期を予め甲に明示し且、地質調査完了の予定時期を甲に明らかにするものとする。

第3条　乙は地質調査の公表説明の時期を甲に明らかにし、若し、地質調査が単年度に終らない場合甲が要求するときは、中間調査概況を公表説明するものとする。

第4条　乙が調査の結果、建設の必要が生じたときは、改めて甲と協議の上、書面による同意を受けた後着手するものとする。

甲と乙はこの覚書を誠意履行するための合意の証として本書5通を作成し記名捺印の上立会人を含め各々その1通を保有するものとする。

昭和47年7月29日

甲　東彼杵郡川棚町川原郷総代　川添信一

〃　岩屋郷総代　松尾岩平

〃　木場郷総代　楠本五郎

乙　長崎県知事　久保勘一

立会人　東彼杵郡川棚町長　竹林寅次郎

石木川の河川開発調査に関する覚書

石木川の河川開発調査に関する覚書

川棚町川原郷、岩屋郷、および木場郷（以下甲という）と川棚町長（以下乙という）は長崎県が行う石木川の河川開発調査に関し、次のとおり覚書を取りかわす。

第１条

石木川の河川開発調査に関して甲と長崎県知事との間に取りかわされた覚書はあくまで甲（地元民）の理解の上に作業が進められることを基調とするものであるから、若し長崎県が覚書の精神に反し独断専行或いは強制執行等の行為に出た場合は乙は総力を挙げて反対し作業を阻止する行動をとることを約束する。

第２条

甲と長崎県知事との間に取りかわされた覚書第２条によつて、甲によつて代表される地元関係者の完全な理解が成立してダム建設が行われることになつた場合は、長崎県は部落発祥以来の長い歴史と伝統と連帯が根底から覆えされることに思いを致し、甲の将来に対する不安を解消するため土木部以外の部課の協力も得て生活環境の整備等に万全の便宜供与を行うこと、また転廃業を余儀なくされるので現在の安定した生活から一転して不幸に陥ることのないよう、必要な向きには就職の斡旋を含めて巾広い愛情のある充分な補償の方途が講じられること以上について、乙は甲の立場に立つて長崎県に折衝しその実現に協力するものとする。

第３条

甲は長崎県知事の誠意と人間性を深く信頼し乙の協力を確信して、石木川の河川開発調査に関する甲と長崎県知事との間に取りかわす覚書に調印することを約束する。

甲と乙はこの覚書を誠意をもつて履行する証として本書４通を作成し、記名捺印の上各々その１通を保有するものとする。

昭和４７年７月２９日

甲　川棚町　川原郷総代　川添信一

甲　川棚町　岩屋郷総代　松尾岩平

甲　川棚町　木場郷総代　樋本五郎

乙　川棚町長　竹村寅次郎

石木川の河川開発調査に関する覚書

石木ダムの真実　ホタルの里を押し潰すダムは要らない！◆目次

発刊にあたって　石木ダム問題ブックレット制作委員会　5

Ⅰ　石木ダム紛争の経過と現状

第1章　石木ダム事業の概要　石木ダム対策弁護団　弁護士　田篭亮博　8
第2章　石木ダム建設計画との闘い　石木ダム建設絶対反対同盟　岩下和雄　13

Ⅱ　石木ダム事業は違法である！

第1章　ダム事業の違法性を考える視点　石木ダム対策弁護団　弁護士　馬奈木昭雄　22
第2章　利水面から見た石木ダム事業の違法性　29
第1節　利水のために石木ダムはいらない　石木ダム対策弁護団　弁護士　八木大和、毛利倫　29
第2節　踏みにじられた佐世保市民の思い　石木川まもり隊代表　松本美智恵　46
第3章　治水面から見た石木ダム事業の違法性　52

第1節　治水のために石木ダムはいらない　石木ダム対策弁護団　弁護士　緒方剛　52
第2節　川棚町民も石木ダムを望んでいない　川棚町議会議員　久保田和恵　71
第4章　民主主義から見た石木ダム事業の違法性　74
第1節　石木ダム事業は民主主義に真っ向から反している！　石木ダム対策弁護団　弁護士　魚住昭三　74
第2節　踏みにじられた地権者の訴え　石木ダム建設絶対反対同盟　石丸勇　84
第5章　税金はもっと有効に活用してほしい　佐世保市議会議員　山下千秋　89

Ⅲ　今後の展望

第1章　石木ダム問題は国民に何を突きつけるのか　石木ダム対策弁護団　弁護士　板井優　94
第2章　石木ダム事業を廃止に追い込むために　石木ダム対策弁護団　弁護士　平山博久　105
第3章　石木ダム事業廃止後　117
第1節　こうばるのふるさと再生——事業廃止後、どうやって地域を再生するか　石木ダム対策弁護団　弁護士　鍋島典子　117

第2節　石木ダム事業廃止は全国にどのような影響を与えるか
水源開発問題全国連絡会　共同代表　遠藤保男　124

第4章　私たちは、これからもたたかい続ける
石木ダム建設絶対反対同盟　岩本宏之　130

石木ダム反対運動年表　134

発刊にあたって

石木ダム問題ブックレット制作委員会

本ブックレット発刊の目的は、石木ダム建設事業を巡る諸問題についての現状と今後の展望を明らかにすることです。

石木ダム建設事業が持ち上がったのは一九六二年（昭和三七年）のことで、それからすでに五〇年以上過ぎていますが、今なおダムは建設されていませんし、かといって建設中止にもなっていません。かくも長きにわたってこの事業が、ある意味宙ぶらりんとなっているのは、石木ダムを建設することにそれほど強い必要性はなく、従って川棚町民、佐世保市民さらには長崎県民の支持をほとんど得ていないにもかかわらず、起業者である長崎県及び佐世保市が地権者の意向を全く無視してゴリ押しをしてきたことを、如実に物語っています。

本ブックレットでは、佐世保市民の利水の観点からも、川棚町民の治水の観点からも、石木ダム建設の必要性が存在しないことが明らかにされています。また、起業者とりわけ長崎県が、いかに民主主義に反してこの事業を推し進めてきたかも詳細に述べられています。

本ブックレットをお読みいただけばどなたでも、石木ダム事業というまったく無駄な公共事業により、地権者らがどれほど苦しめられてきたかを痛感なさることでしょう。そして権力に踏みにじられながらも屈せずに戦い続けている地権者の方々の境遇に同情し、その戦いに共感なさることと思います。

ただ、誤解していただきたくないのですが、石木ダム事業に反対している私たちは地権者ばかりではありません。地権者ではないが石木ダム事業に反対している私たちは、単に、地権者に同情あるいは共感し、地権者を助けるためだけに一緒に戦っているのではありません。もちろんそれもありますが、私たちは、私たちのために石木ダム建設問題に取り組んでいるのです。

本ブックレットで明らかにしているように、石木ダム建設の必要性は全くありませんが、この建設のために数百億円の税金が投入されます。もしこれらの税金を福祉や教育や雇用や文化振興などの向上に使ってもらえるならば、私たちの日常生活はいかに豊かになるでしょう。しかし無駄な石木ダム建設に税金を投入するがゆえに、私たちの生活に必要な公金支出が減らされているのです。その意味で、石木ダム建設により、地権者のみならず、私たちの生存権もまた奪われていることになります。だからこそ私たちは、私たちの生活を守るために、地権者とともに石木ダム建設に強く反対するのです。

本ブックレットをお読みいただければ誰でも、私たちと同じ思いに駆られるはずです。皆様方が、自分たちのより豊かな社会を実現するため、私たちの運動に参加くださることを、心よりお待ちしております。

なお、石木ダム建設に関しては、本ブックレットに先立って、同じ花伝社から『小さなダムの大きな闘い』というブックレットも発刊されています。本ブックレットと併せてお読みいただくとなお一層、石木ダム建設事業の問題点がご理解いただけますので、ぜひご一読ください。

I

石木ダム紛争の経過と現状

第1章　石木ダム事業の概要

石木ダム対策弁護団　弁護士　田篭亮博

石木ダム建設計画は、今から五〇年以上前である昭和三七年（一九六二年）に持ち上がりました。五〇年以上前の事業にもかかわらず、長崎県は、現在石木ダム建設を強行しようとしています。それはなぜなのでしょうか。まずは、長崎県が建設しようとしている石木ダムの概要を説明します。

1　建設場所

石木ダムは、長崎県を流れる川棚川本流とその支流である石木川の合流点から約二㎞上流の長崎県東彼杵郡川棚町岩屋郷地先に計画されています（**図1**参照）。川棚川は大村湾に流れる二級河川であり、川棚町は佐世保市の隣町です。ダム予定地は川原《こうばる》地区と呼ばれるところで、石木ダムが完成すれば、川原地区はそのほとんどがダムに沈みます。

川原地区は、山に囲まれ、きれいな川が流れ、のどかな田園風景の広がる自然豊かな地域です。そのため川原地区はホタルの棲息で有名で、毎年ホタルの季節には、「こうばるホタル祭り」が開催されており、多くの人がホタル観賞に訪れます。

この川原地区には、地権者一三世帯が今も生活をしています。

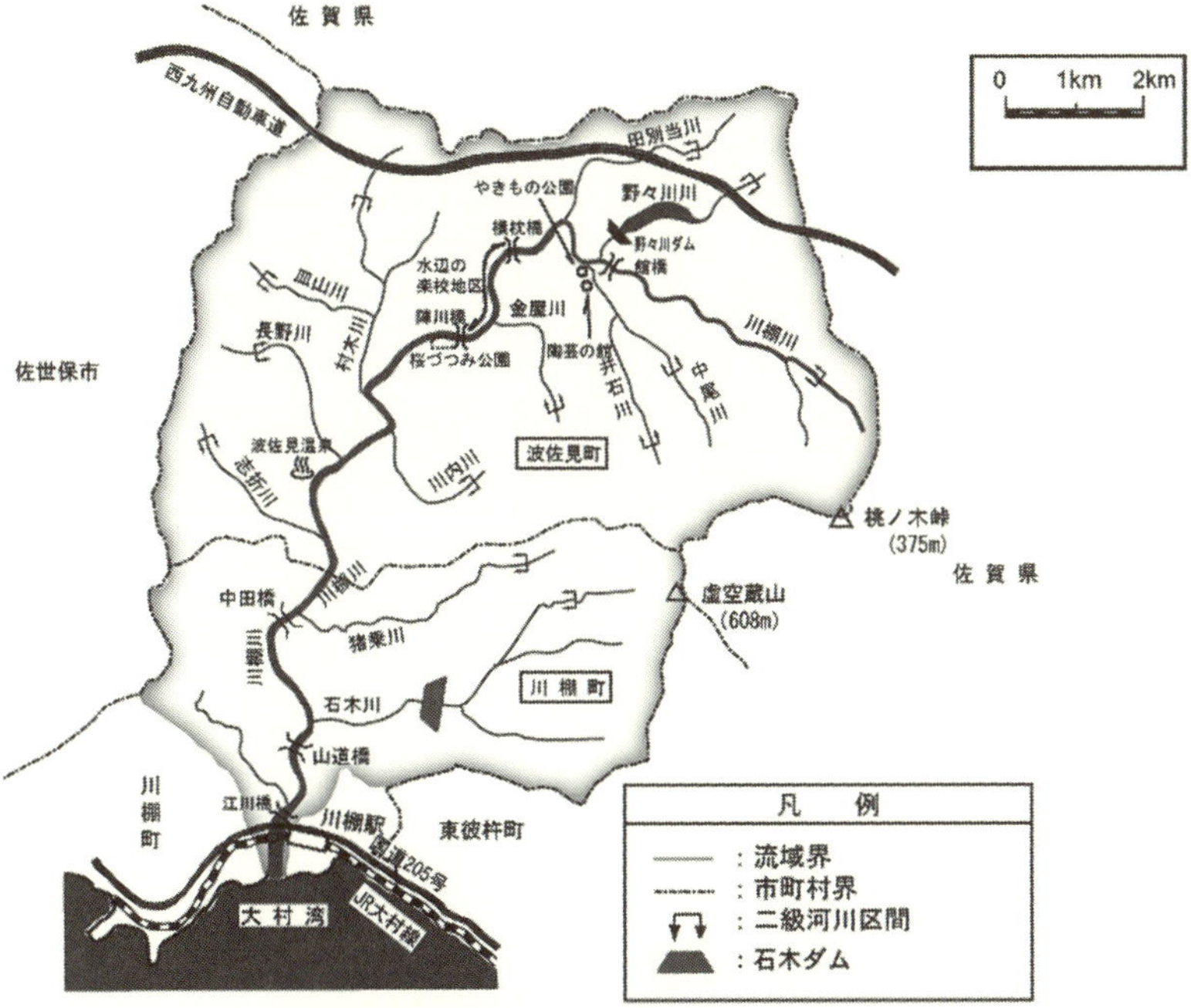
佐賀県
西九州自動車道
0　1km　2km
田別当川
野々川川
やきもの公園
野々川ダム
横枕橋
水辺の楽校地区
皿山川
金屋川
陣川橋
長野川
村木川
桜づつみ公園
陶芸の館
川棚川
中尾川
佐世保市
波佐見温泉
波佐見町
志折川
桃ノ木峠
(375m)
佐賀県
虚空蔵山
(608m)
中田橋
猪乗川
石木川
川棚町
山道橋
川棚町
江川橋
川棚駅
東彼杵町
国道205号
大村湾
JR大村線
凡　例
：流域界
：市町村界
：二級河川区間
：石木ダム

図1

2　建設主体

ダム建設の起業者は長崎県と佐世保市です。佐世保市は利水の点で共同の起業者となっています。

3　ダム建設の目的

長崎県は石木ダム建設の目的として、①洪水調節（治水目的）、②水道用水の確保（利水目的）、③流水の正常な機能の維持（利水目的）の三点をあげています。

①洪水調節（治水目的）

洪水調節とは、石木川の流水を一時的にダムに溜めることによって大雨時に川棚川の氾濫を防止しようとするものです。長崎県は、「川棚川は過去に何度も台風や大雨によって災害に見舞われてきた」として、一〇〇年に一度の大雨（二四時間雨量四〇〇㎜と想定）が降っても洪水が起きないよう石木ダムを建設すると言っています

②水道用水の確保（利水目的）

水道用水の確保は、佐世保市に関するものです。佐世保市は、将来の水需要予測に基づき、佐世保

市の水不足を解消するために石木ダムが必要だとしています。すなわち、現在、佐世保市が保有している安定水源（毎日取水できる権利を持つ水源）の取水能力は七万七〇〇〇㎥／日ですが、平成三六年度には一一万七〇〇〇㎥／日の取水が必要と見込まれており、その不足分を石木ダムによって補うというのです。

③流水の正常な機能の維持（利水目的）

流水の正常な機能の維持とは、渇水時においても水の流れを安定させ、川棚町水道用水、佐世保市水道用水などの補給を行うとともに、水生生物の生息・生育環境や河川の景観を保全しようとするものです。

4　ダムの概要

石木ダムは重力式コンクリートダムで、総貯水容量五四八万㎥、有効貯水容量（総貯水量から堆砂容量を減じた容量）五一八万㎥と計画されています。

この有効貯水容量の内訳は、治水のための容量（大雨時に水を溜めることができる容量）が一九五万㎥、利水容量が三二三万㎥（水道用水二四九万㎥、流水の正常な機能維持七四万㎥）とされています（**図2**参照）。

堤体の高さは五五・四ｍです。

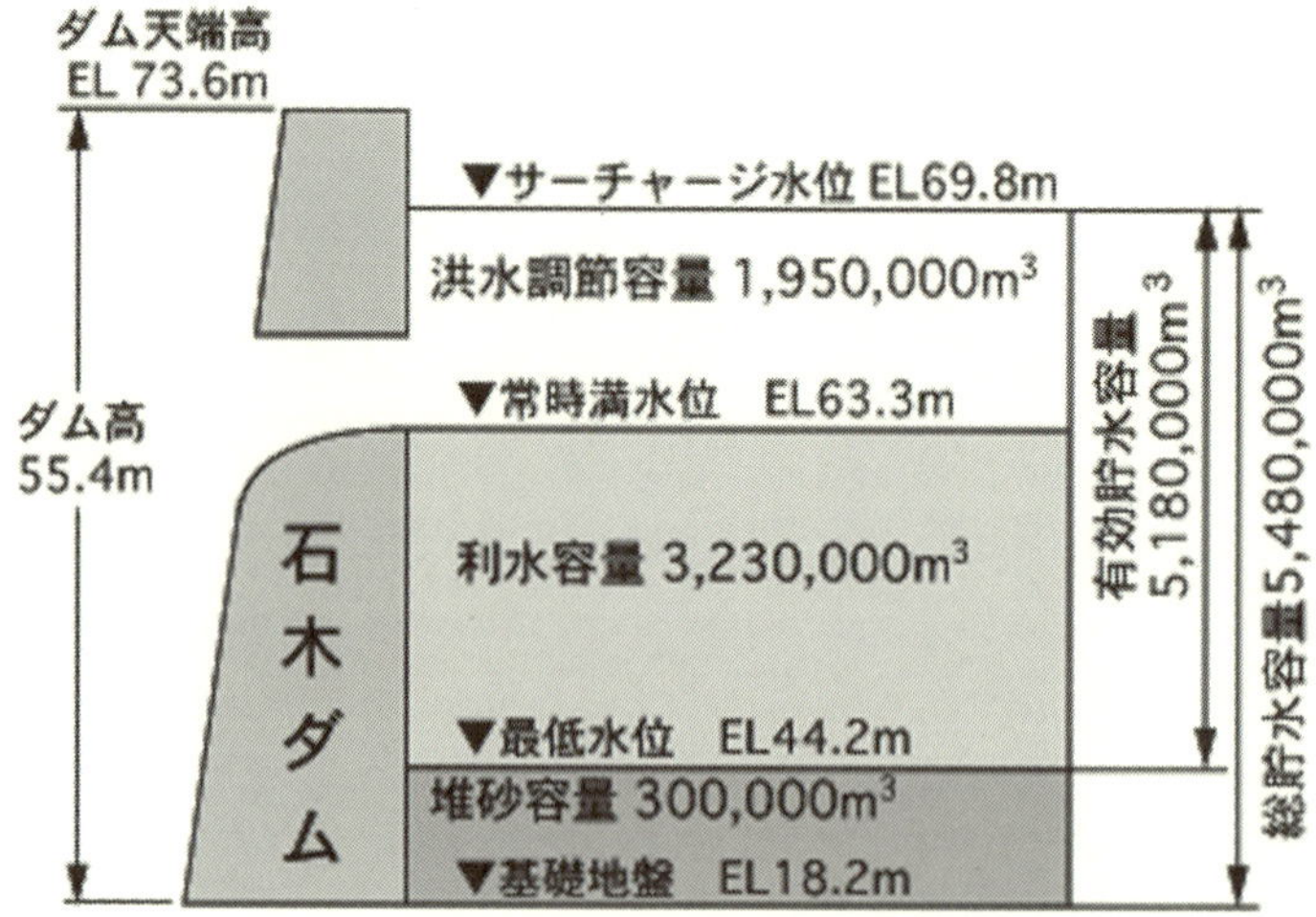

図2

5　事業費

石木ダムの事業費は総額二八五億円であり、その内訳は、工事費約八五・六億円、用地及び補償費約一六〇億円、その他約三三・四億円、事務費約六億円とされています（石木ダム建設事業の検証に係る検討概要資料参照）。

以上が、事業者が説明する石木ダム事業の必要性と、計画の概要です。しかし、このような高額な税金を使ってまで、そして地権者らの生活基盤を破壊してまで、石木ダムは本当に必要なのでしょうか？

そうではないことについて、このブックレットでこれから詳しく述べていきます。

第2章　石木ダム建設計画との闘い

石木ダム建設絶対反対同盟　岩下和雄

1　はじめに

私が初めて石木ダム建設計画を耳にしたのは、中学生のころだったと思います。私は一七歳で父親を亡くしたため、若い時から世帯の代表として地区の集会や行事に参加するようになりましたので、成人前からずっと父親世代の方々に混じってダム反対闘争にかかわってきました。

石木ダム建設計画の反対運動が始まった頃、全国にたくさんのダム建設計画がありました。私たちは、視察や集会参加などを通じてダム建設に反対している仲間と交流して来ました。その中で「ダムは洪水調整には役に立たない」「ダムによって逆に洪水が起こる」「工業用水は循環の時代だ、高い水道水を使う事業所はない」「今後は家庭の使用量も減少していくからダムはいらない」「もうダム建設の時代は終わった。自然環境を守ってダム建設に反対して行こう」と全国の仲間と確認し合い、一緒に闘って行こうと誓ってきました。

しかし中止になったダム計画はほとんどなく、多くのダム計画は完成したか計画が続行中です。また、周辺住民や一般市民ではなくて水没地権者の方々が中心となって反対運動を続けている所もほとんどありません。一部には、国や県などの起業者による一本釣りによって同意した例もあるでしょうが、多くは、長い歳月の戦いの中で「地域の過疎化」「指導者の老年化、後継者不足」「地域の分裂」などの問題に、ダム建設計画が少しずつ圧力となり、「もう疲れた」「ここまで反対してもだめなら」とあきらめ、泣く泣く同意なさった結果だと思います。

ダム闘争は本当に長い自分との闘いでもあります。

民間企業なら、四〇年、五〇年と続く事業は中止されるか見直しされるのが当然のことですが、起業者が国や県の場合は「中止なんてとんでもない」としか思っておらず、間違っていても見直そうとはしません。また、職員が間違ったことを言っても転勤すれば済みます。後任者は「前任者の言ったことはわからない」と逃げられます。おまけに税金を使っての仕事ですから自分の腹は痛みません。長くて五年、普通三年もすれば転勤するので、住民に嫌がられても「住民に諦めさせ同意させるのが仕事だ」と割り切っています。

私たちの所では、「『県職員・ダム関係者』立ち入り禁止」と入口に看板を立てていますが、平気で玄関まで来て呼び鈴を鳴らします。県職員と分かると対応しないようにしていますが、失礼なやり方に時には頭に来て「表の字が読めないのか」と怒鳴ることも、水をかけて追い返すこともたびたびあります。

県職員は苦笑いして帰っていき、それで済みます（心では怒っているかも）が、私たちは一日中怒りが収まりません。今ではほとんどの家庭でカメラ付きのドアホンを設置しています。県職員だとわかれば居留守を使い、お互いに連絡を取り合い県職員の訪問を拒否しています。

2　闘いの経過

私たちが起業者の嫌がらせや、ダム賛成派の圧力に対して、四十数年間闘ってきたこれまでの闘争経過を紹介します。

石木ダムが完成すると、三地区（川原、岩屋、木場）の四三世帯と残存地区の一部が移転を余儀なくされます。ダムが出来ると湖底に沈む私たちが住んでいる川原地区は町の中心地から五㎞と離れておらず、車で七～八分の位置にあり、ほとんどの方が町内で仕事についています。専業農家はなく、日曜祭日を利用して田、畑を耕作している過疎とは無縁の住みやすい地区です。この環境こそが、いまだ一三世帯六〇名あまりが住み続けダム建設に強く反対している理由でもあります。

一九六二年、長崎県が地元に無断で湛水線の測量調査を始めました。この時は地元の抗議により中止になりました。

一〇年後の一九七一年、長崎県は川棚町に石木ダム建設のための予備調査を依頼します。川棚町と長崎県による地元住民への説明会が数回開かれましたが、「ダム建設につながる予備調査」には反対といった意見が多く、物別れに終わりました。しかし、「予備調査はあくまで調査であってダム建設にはつながらない」「地元の了解なしではダムはできない」と当時の町長が土下座して「予備調査だけでもさせてください」とお願いされ、当時の長老たちが話し合って、長崎県と「建設の必要性が生じたときは、書面による同意を受けた後着手する」、川棚町とは「県が覚書の精神に反し独断専行或いは強制収用等の行為に出た場合は、町は総力を挙げて反対し作業を阻止する行動をとることを約束する」との覚書をそれぞれ交わし、翌年の一九七二年七月予備調査に同意しました。

一九七四年一二月、報道により石木ダム建設予算がついたことを知りました。そこで、川原、岩屋地区住民で「石木ダム建設絶対反対同盟」（以下、「反対同盟」）を結成し「石木ダム建設絶対反対」の看板を三か所設置しました。翌年木場地区も反対同盟に参加し、一部の世帯を除いて三地区でダム建設に反対していくことを確認しました。

一九七七年、県職員、町職員による戸別訪問が頻繁に行われました。反対同盟では「県職員面会拒否」の看板を作成し、全世帯に配布玄関先に設置しました。このころ反対同盟のシンボル塔「見ざる、言わざる、聞かざる」が完成し、県の戸別訪問に面会拒否で対応しました。

一九七九年、町職員による「石木ダム雑感」と「土地収用法抜粋」なるものが配布されました。内容は「反対同盟がしっかりしている今が県との交渉がしやすい」「事業認定されると補償がもらえない」などと書かれたものでした。県、町職員による「酒食のもてなし」なども行われ、反対同盟役員や反対住民の切り崩しが行われました。その結果、反対同盟役員会でも県と話し合いをしようといった意見が多くなりました。危機感を持った川原地区の青年を中心に反対同盟役員会に傍聴者として参加して役員会をけん制しました。また「ダムから故郷を守る会」を結成し、南総計画に反対されていた山下弘文氏と連絡を取り、講師として招き勉強会を始めました。さらにブックレット「ふるさとを守ろう・水危機論のうらがわから」（三〇頁）を一〇〇〇部出版して、地元、町民に配布ダムの不要性を訴えました。

当時、山下弘文氏は県労評オルグとして大村支部に勤務されていましたので、県、反対同盟幹部から県労評オルグがダム問題を混ぜくっていると批判を浴びますが、山下弘文氏は、私たちのその後の反対運動の中に大きな影響を与えてくださいました。

一九八〇年、反対同盟役員が県、町職員の説得に応じ「石木ダム建設絶対反対同盟」の「絶対」を取り除こうともくろみます。その結果、同年三月、反対同盟全員集会で反対同盟の解散を決議しました。

そこで、同年三月一四日に川原地区二四世帯で「石木ダム建設絶対反対同盟」を再結成し、翌年、木場地区三三世帯も加わりました。これで流れは「条件付き賛成者」と「ダム絶対反対」の二派にわかれました。

一九八二年四月、長崎県は土地収用法一一条に基づく立ち入り調査を告示しました。そこで、私たちは、長崎県と話し合いを持ちますが、（再結成された）反対同盟の「ダムの必要性から話したい」に対し、県は「測量調査同意のお願い」と譲らず実質的な話し合いは出来ませんでした。

同年五月二一日、県は「もう待てない」と機動隊を導入して立ち入り調査を強行し、反対同盟は県労評、地区労の支援を受けて座り込みで抗議行動をしました。長崎県は延べ七日間にわたり機動隊七五〇名を動員して強制測量を行いましたが、私たちの抗議行動に圧倒され、結局道路等の杭打ちのみを行い、その後の測量調査は、町、県民の強い不評を買い中止し、航空写真で済ませました。私たちは政党を問わずダムに反対される方は受け入れてきました。抗議行動中は小、中学生も学校を休んで抗議行動に参加していましたが、長崎大学の右翼に所属していた学生も抗議行動に参加し、日教組の先生と地区公民館で子供たちに勉強を指導してくれ、私たちの戦いは党派を超えていました。

一九九八年、県は条件付き賛成者との間で「損失補償基準協定書」を締結して個別補償を開始し、二〇〇〇年より移転が始まりました。反対同盟からも県の説得に負け一一世帯が離脱、中には家庭の事情で転出される方もあり、「最後まで一緒に闘えなかったが頑張ってくれ」と泣く泣く故郷を後にされる方もありました。反対同盟は「水没地権者一三世帯」と数は減りましたが、ダム反対の同じ考えの者同士で意志が固く、かえって団結が強まり、残存（木場）地区の仲間とともに闘っていくことを誓いました。

二〇〇九年一一月、長崎県は九州地方整備局に事業認定の申請を行いました。しかし、民主党政権のもと「コンクリートから人へ」政策で石木ダムも検証の対象となり、事業認定の審査が中断しました。

二〇一〇年三月、県は付替え道路工事に着手、反対同盟は支援者と共に工事用道路入口を座り込みで四か月間封鎖しました。これに対し、県は七月に工事中断を発表して、補助金をいったん国へ返納しました。

二〇一一年五月、石木ダム検証会議が、たった三回の検討の場で「石木ダムが他の案に比べて優位と結論」しました。そして、長崎県公共事業監視委員会も「石木ダム事業継続」と意見をまとめ国へ報告しました。私たちは、検証の場に地元とダム反対の立場から有識者を参加されるよう再三にわたり要望しましたが、県関係者のみで検討し結論を出してしまいました。

二〇一二年四月、これを受け、国交省の有識者会議で「地域の方々の理解が得られるよう努力することを希望します」との意見を付けて了承されました。

二〇一三年三月、九州地方整備局が公聴会を川棚町公会堂で開催、公述人二〇名のうち一二名が反対意見を述べますが、反対意見は通らず九月事業認定が認可されました。

二〇一三年一二月、馬奈木昭雄先生をはじめ一〇名の弁護士の先生方の参加をいただき「石木ダム対策弁護団」を結成し、支援者組織四団体と公開質問書を長崎県、佐世保市に提出して話し合いの場を持ちますが、両者からは真摯な回答を得られませんでした。

二〇一四年七月、長崎県知事がはじめて話し合いの場に参加、今後も話し合いを続けていきますと約束しますが、その後話し合いは行われていません。

同月、県が付替え道路工事を着工しようとしますが、私たちは更なる話し合いを求めて説得を行い、県は工事用道路入口からの進入を出来ませんでした。約一週間後、長崎県は住民二三名に対して長崎地方裁判所佐世保支部へ「通行妨害禁止仮処分命令申立」を行い、裁判所の決定が出るまで工事を中止すると通知してきました（二〇一五年三月二四日、うち一六名に対して仮処分決定が出されています。七名は棄却）。

二〇一四年九月、県は地権者四世帯の田、畑を長崎県収用委員会へ収用裁決申請を行ました。県は二〇一五年九月までに屋敷を含む五世帯の二次収用裁決申請を行うと思われます。

3　今後の運動について

長崎県は、事業認定の申請をすれば地権者は同意するだろうと思っていたようで、「事業認定は話合いの為の申請だ」「どこでも話し合いで解決している」などと強制収用のための事業認定ではないと言っていました。そのため、事業認定されても私たちが動揺しないことに県関係者からも「話が違う」といった声が聞こえだしました。

私たちは「納得できないダム建設には絶対反対である」、「不要なダムの為故郷を売ることはあり得ない」という立場を貫いています。仲間の一人は「土地はとっても命まではとるとは言わんだろう、絶対にここから出て行かん」と言っています。その通りだと思います。

私たち反対同盟は一つの家族のようなもの、今後も協力し合って石木ダム建設に反対していく覚悟です。皆さんの温かい御支援をお願いします。

II

石木ダム事業は違法である！

第1章　ダム事業の違法性を考える視点

石木ダム対策弁護団　弁護士　馬奈木昭雄

1　一般的に事業を行う場合、当然に地権者の同意が必要

何かある施設を建設したいと考えた事業者は、通常であればその予定地の所有者や利用している人々（地権者）に、その事業内容を説明し、同意を得ることによって、初めてその施設建設のために、予定地の所有権または使用する権利を取得できることになります。逆に地権者の意思に反して、同意を取ることなく、施設を建設することは絶対にできません。もちろん、何らかの施設を建設する場合には、建設予定地の地権者だけではなく、その周辺に生活する住民に与える影響に応じて、その同意を得ることも必要となります。一番分かりやすい例は、周辺農地を耕作している水利権者の農民や、周辺海域で漁をしている漁業権者の漁民の同意の問題なのです。

2　なぜダム事業では地権者の同意なしに強行できるのか

ところが本件の石木ダム問題をはじめ、ダム事業では地権者の反対を押し切って、その同意なしに強制的に事業が強行されようとしています。なぜそのようなことが許されるのか、その合理的根拠は

何なのでしょうか。

普通に説明されているのは、その事業が目的として有している「公共性」、「公共の福祉」の実現のためだ、ということです。みんなの生活にとって必要な事業（本件では治水と利水のため）が、一部の地権者の反対によって事業ができないということで、みんなの生活ができなくなる事は許されないという考え方です。

その考え方に立つと、みんなの利益（公共の福祉）のためには、地権者の権利（生活）が侵害されてもやむを得ないという結論になります。そこで当然のことですが、「公共性」を欠いていればその事業は「違法」として認められないことになります。他方、「公共性」があるから「適法」とされた場合には、地権者の権利を侵害し、重大な被害を与えるのですから、その被害を金銭によって補償することが当然必要となります。

ですから、本来、「補償」が問題となるのは、「公共性がある事業であり、地権者の権利を侵害してもやむを得ない」ことが明らかになった後です。しかし、長崎県知事が地権者に対し、「補償の話合いをしよう」としきりに呼びかけているように、事業者は、「公共性」の中身を明らかにせずに、事業を強行するのです。

3　行政による「公共事業」の公共性とは何か

行政がいわゆる「公共事業」を実施しようとする場合、「この事業は公共性があるに決まっている」と説明します。例えば廃棄物処分場を建設しようとする時、「市民のごみ捨て場が必要なことはあたりまえでしょう。公共性があるに決まっています」と言います。ダム建設でも同じで、「洪水を防ぐことは必要で良いことに決まっています」「利水のためにより多くの水の確保が必要で、良いことに決まっています」と言います。つまり「公共性」の内容として、その事業の「必要性」が主要な部分となっているのです。従って「必要性」がなければ「公共性」もないことにならざるを得ません。ただし、この説明には少なくとも三つの視点からの検討が求められます。

まず第一に、抽象的一般的にはその事業は必要であり、実施された方がより良いとしても、住民の生活からみて、より切迫したより必要性の程度の高い他の事業が存しているのではないか、他の分野での事業との優先度の検討の問題です。

第二に、仮に住民生活にとって洪水、利水の必要性がより高いと判断される場合でも、その効果を達成するために、ダム事業以外の他の方法の選択はあり得ないか、という代替方法の検討です。例えば治水での川の改修事業による洪水対策などや、利水での他の水量確保の努力や、住民の節水努力、渇水時の緊急的な他県からの融水の協力体制の構築など、いろいろな対策が考えられます。

第三に、仮に「ダム事業」が住民にとって最も良い必要な方法だと判断できるとしても「今この時期に」「この規模で」「この場所に」本当に必要なのか、という問題が残ります。もっとより良い別な場所で、より適正な規模のダム工事が可能ではないか、ということです。

以上に指摘した三点の検討をきちんと行うことが、本件でのダム建設の公共性を正しく判断するうえで、絶対に不可欠だと考えます。その検討をまったく欠き、何らの代替方法を考慮しない事業は違法だと判断されるべきです。

4　牛深し尿処理場差止訴訟判決

今まで述べてきた私たちの考え方を正面から受け止めて判断した裁判例として、「牛深し尿処理場差止訴訟判決」（熊本地裁昭和五〇年二月二七日判決、『判例時報』七七二号二二頁）があります。

この事件は、熊本県天草にある牛深市が、海岸に市民のし尿処理場を建設しようと計画したのに対し、処理した排水を放流する予定地住民である漁民が建設差止を求めたものです。判決は次のように判断しました。

「本件施設から出る放流水によって湾付近海域が汚染される結果、漁業その他生活上の被害を生じる蓋然性が高いと予測されるから、本件し尿処理場の設置は永年漁場および生活の場として付近海域とともに生きてきた……原告らをして、その居住地、住居を生活の場として利用することを困難とさせるに等しく、このような場合には、たとえ本件予定地に建設されるものが本件施設のように公共性の高いものであっても、その建設を許容すべき特別の事情がない限り、受忍制度を超える違法なものとして建設差止が認められるべきであると解するのが相当である。」

さらにその「特別の事情」の存否について、「牛深市は事前に環境影響調査を行って、本件施設が設置されたときに生ずるであろう被害の有無、程度を明らかにし、その結果により、現在の方法よりはたして公害の発生が低いといえるかどうかを厳密に検討し、そのうえで、本件予定地に本件施設を建設する以外適当な方法がないと判明した場合にはじめて、その調査結果に基づき具体的な被害者に対する補償問題なども含めて、住民を説得する等の措置をとるべきである。しかし、そのような調査をした上で、その結果をふまえて交渉をしたとの疎明はないから、『特別の事情』があるとはいえない。」

以上の理由によって、差止が認められたのです。

従って本件において参考となるのは、行政はまず環境影響調査を行い、他の方法との比較検討を行うこと、建設計画以外に他の適当な方法がない場合、はじめて被害補償を含めて住民らを説得する等の措置を取ること、それらを行わなければ、その事業は違法となり、差止が認められる、ということなのです。私たちはこの判断が正しいあるべき考え方だと確信しています。

5　「費用対効果」を考える視点

本件ダム建設が、市民生活にとって本当に必要不可欠なことなのか、という問題について、これまで行政における費用対効果、すなわち「最小の経費で最大の効果」という原則（地方自治法二条一四項、地方財政法四条一項）という視点から議論されてきました。

この問題について従来の議論の仕方は、何よりも計画されている事業が必要なことは所与の当然の前提事実として設定したうえで、事業に要する費用と、その事業によって得られる利益・効果とを比較考量し、「利益の方が大きいので事業は有益だと判断する」という手法がとられてきました。利益の方が小さければその事業は公共性を欠き、違法となる、というのです。しかし、この考え方・手法はすでに述べたように極めて一面的であり、誤っています。

当然のこととして、市民の税金を使用する必要が存する施策は無数にあります。そのため、必要とされる施策のうちどれを採用するかは「行政の自由裁量」だとして、その事業を選択したことの正当性の判断をまったく放棄し、「立入禁止区域」としてしまい、住民の意見を反映した検討を行うことをまったく拒否してしまうのです。

住民が要求している施策のうち、どれをどのように選択するのか、行政がまったくフリーハンドで自由に選択でき、住民はそれに対し何も法的に意見を言うことはできない、などということは何よりも住民の意思の尊重が要請されている「地方自治の本旨」に反しますし、ひいては憲法の原点である「国民主権」にも反することです。首長は選挙で選ばれたからといって、その政策決定について、フリーハンドの白紙委任状を住民から与えられたのではないことは自明ではありませんか。

従って、行政はまず、いろんな市民（住民）が要求し求めている各種の施策について、税金をどう使用すべきなのかを判断するために、その主要なものについて、すでに指摘した環境影響調査とは別の視点から、それぞれの費用対効果を比較検討することが求められていると考えます。その比較検討のなかで、その施策事業の実施を住民と協議の上で決定していく、というプロセスが必須の条件だと考えますし、その検討結果を住民に公表し、住民の検証にたえられるようにすることが求められているのだと考えます。

現在、ほとんどの行政はそのようなことを検討すらしません。長崎県、佐世保市もそうです。したがって、第一に、私たちは他の事業との比較をすることなく、「石木ダム事業には必要性がある」と言って事業決定がされているそのことが違法なのだということを強く主張していきたいと思います。

住民が今毎日の生活を送っていくために、切実な緊急な施策の実行を首長に求めています。首長はその要求に対し「予算がない」といって応じません。そして行政が望む大企業のための事業には巨額の予算を投入します。税金をそのように使用するのが、住民の生活にとってより利益があり効果があるのか、この事業よりもより優先度が高いと判断されるべき施策が無視され放置されているのではないか。その検討こそ、法が要求している本当の「費用対効果」なのであり、その検討を最初におこなわないことが違法なのだと強調しておきたいのです。さらにその検討は、行政が住民と一緒に協同して行うべきことなのです。

行政が、国民・住民よりも上位の優越的地位に立って、一方的に勝手に決定するのではなく、憲法が規定しているとおり、国民・住民意思に従って行政が行われるべきだという原則の立場にきちんと立って、「地方自治法の本旨」という精神に従い、地方自治法、地方財政法の解釈適用を行い実現していくたたかいが今取り組まれているのです。

第2章　利水面から見た石木ダム事業の違法性

第1節　利水のために石木ダムはいらない

石木ダム対策弁護団　弁護士　八木大和、毛利倫

1　はじめに

起業者である長崎県及び佐世保市は、佐世保市の利水のために石木ダムが必要な根拠を、次のように説明しています。

①まず、佐世保市民の平成三六年（二〇二四年）度の生活用水の水需要は、原単位（一人一日あたりの使用量）が二〇七ℓ／人・日になるので、これに給水人口二〇万九一一九人を乗じて、四万三二九〇㎥／日と予測できる。②業務・営業用水量は二万三三二三㎥／日と予測できる。③ＳＳＫをはじめとする佐世保市内の工場の平成三六年度の水需要は、八九七九㎥／日と予測できる。④したがって平成三六年度において、合計七万五六九二㎥／日を供給する必要がある。⑤これに漏水分などを加えると、一日に八万四六八五㎥／日の水を浄水場から給水しなければならない。⑥年間の一日最大給水量は一〇万五四六一㎥／日に達することから、それに応じた原水量を用意しておく必要がある。⑦一

〇万五四六一㎥／日の水道水を送り出すには、一一万七〇〇〇㎥／日の原水の取水が必要となる。⑧佐世保市の安定水源は七万七〇〇〇㎥／日であり、⑨したがって、差し引き四万㎥／日が足りないから、石木ダムが必要である。

しかし、この説明は徹頭徹尾でたらめであることがわかっています。本項では、上記の①②③⑧⑨について、いかに起業者がでたらめな計算や説明をしているかを明らかにしていきます。

2　佐世保市民の水需要予測の誤り

佐世保市水道局の需要予測はでたらめだった

佐世保市は、石木ダム建設事業の助成金を引き続き受けるために、佐世保市第九期拡張事業平成二四年度再評価水需要予測資料（以下、「平成二四年需要予測」）を国に提出しました。これによると、前記のように、佐世保市民の平成三六年（二〇二四年）度の生活用水の一人一日あたりの水需要（生活用水原単位）は、二〇七ℓ／人・日と予測されています。しかし、佐世保市水道局と公開質問会を重ねるにつれ、佐世保市水道局が行った需要予測はでたらめだったことが明らかになりました。以下では、平成二四年需要予測の分析や公開質問を通じて明らかとなった事柄を何点かご紹介します。

恣意的なデータ作成（その１）

まず、起業者の一つである佐世保市は、佐世保地区の生活用水に関して、平成二四年需要予測の中

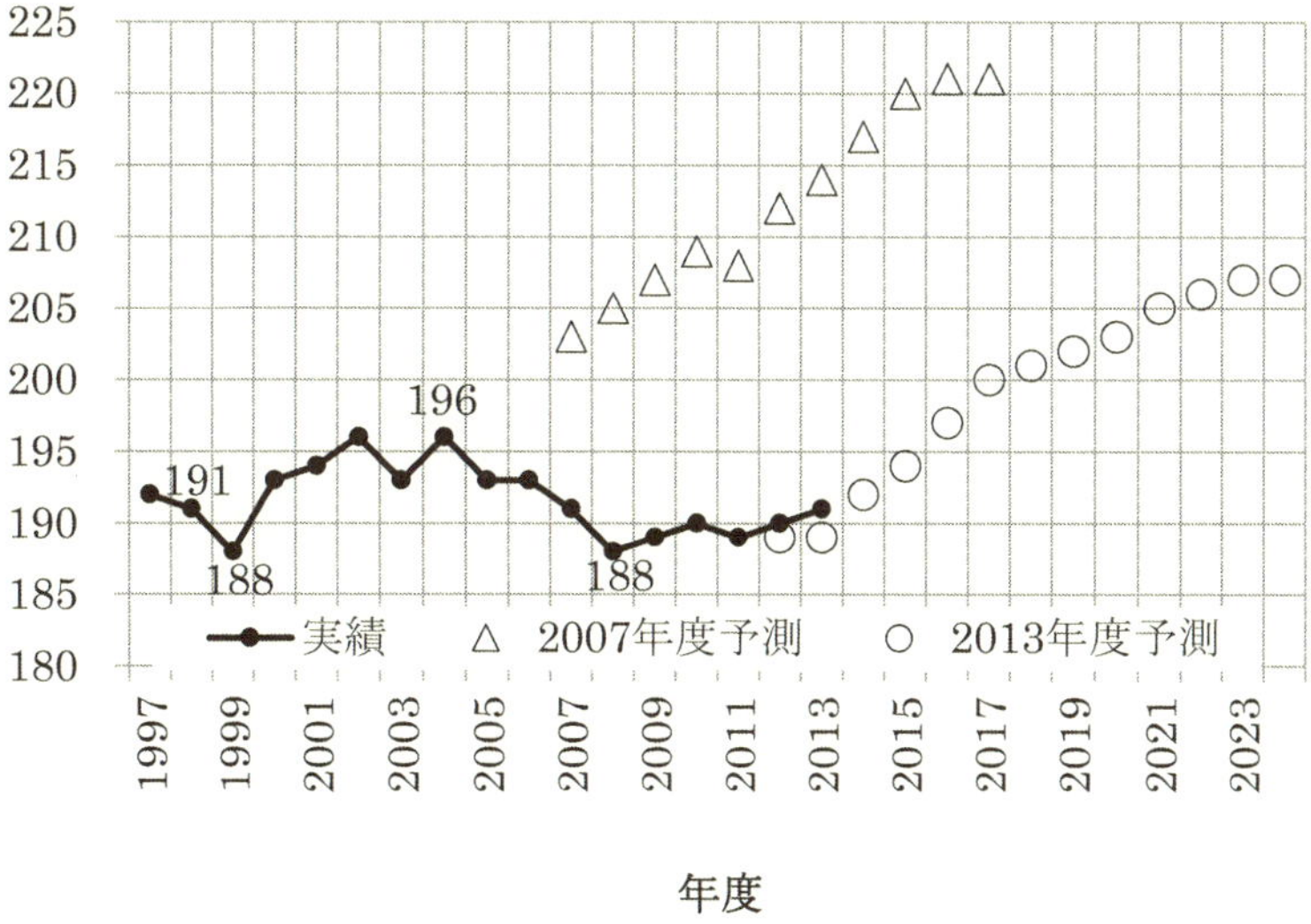

図1　佐世保地区の生活用水原単位（ℓ／人・日）

で佐世保地区の住民一人当たりが使用する水の量（生活用水原単位）を**図1**（○印）のように予測しています。

その根拠については「近年、全国同規模都市の原単位が減少傾向の中、本市においては渇水（給水制限）時のみが減少しており、**その他の期間は明らかに増加傾向を示している。**」「全国の原単位の減少は、節水機器の普及や社会情勢の変化が影響していると思われる。本市においてもこれは同様であると思われるが、その影響を受けた上で増加傾向にあるということは、節水どころでは無く、**我慢をしており一般的な受忍限界を超えている**ため、増加傾向になっているものと思われる。」（太字は筆者による）と説明しています。

では、実際に生活用水の利用は「増加傾向」を示し、「一般的な受忍限界を超えている」のでしょうか。

図1の実績値（実線）を見てください。一九九七年から二〇一二年にかけて、一日あたりの原単位は一八八ℓ／人・日（一九九九年及び二〇〇八年）から一九六ℓ／人・日（二〇〇二年及び二〇〇四年）の間で推移してお

り、二〇〇八年から二〇一三年の直近六年間を見ても一八八ℓ／人・日→一八九ℓ／人・日→一九〇ℓ／人・日→一九〇ℓ／人・日→一九一ℓ／人・日と推移しています。近年微増傾向にあるようですが、これを取り立てて「増加傾向」と評価するのは明らかに誤っています。

また、起業者側は佐世保市と全国同規模都市の原単位平均を二四六ℓ／人・日であることを述べ、その比較において「佐世保市民の非常に高い節水意識によるもの」であると同時に、生活用水の使用において「我慢をしており一般的な受忍限界を超えている」と述べています。確かに佐世保市民の節水意識や水の有効利用に関するノウハウはかなり高度な域に達していることは間違いないでしょう。しかし、だからといって佐世保市民が「節水どころでは無く、我慢をしており一般的な受忍限界を超えている」とどうして言えるのでしょうか。佐世保市も、公開質問の中において「受忍限界を超えている」ことを示す有効な根拠を示すことはできませんでした。

恣意的なデータ作成（その2）

もう一度**図1**を見てください。グラフの△印は平成一九年（二〇〇七年）需要予測の予測値です。予測では二〇〇六年の実績値の実績に対し、二〇〇七年の予測値は大幅に需要が伸び、その後も増加の一途をたどっていくように予測されています。

では、実績値はどうだったのでしょうか。**図1**で明らかなように、増加などしておらず、むしろ減少の一途を辿っています。起業者が行った二〇〇七年の需要予測は大きく外れていたのです。

そして、その五年後に作成されたのが平成二四年需要予測です。この予測では平成一九年需要予測が犯した過ち（過剰な見積り）は正されたのでしょうか。

図1の○印を見てください。平成二四年需要予測における今後の水需要予測です。予測をした二〇一二年時点では水需要実績は横ばいなのに、なぜか二〇一四年以降、またもやどんどんと右肩上がりに上がっていきます。佐世保市が、「増加傾向にない」ものを強引に「増加傾向にある」と言い張ったのは、こういう予測をするためだったのです。

後述の**図2**には平成二四年需要予測で予測されている平成二五年、二六年の実績値も記載されています。当然ながら、実績値と予測値は、ここでも大きく乖離しています。

このように、予測と実態の乖離が顕著であることからもわかるとおり、平成二四年需要予測は、平成一九年需要予測と同じ、過剰に見積もるという過ちを繰り返したのです。もっとも「過ち」とは、過失を意味しますが、これまで述べてきたことで明らかなように、起業者は「故意」にでたらめの予測をしているのです。

では、なぜ起業者は、あえてこのようなでたらめな予測をしたのでしょうか。その答えは明らかです。起業者側は国に石木ダム建設を認めてもらうために、「佐世保地区は今後、水が不足する。だからダムが必要なのだ。」ということを言わなければならなかったのです。そのためには何が何でも佐世保地区の水需要が伸びる予測をしなければならず、無理やり生活用水の需要を「増加傾向」と言って、右肩上がりの需要予測を立てたのです。原単位は一九〇ℓ／人・日前後で推移している一方、給水人口の減少が激しく、一日平均の生活用水全体の使用量は**図2**のグラフに示すように増加はしていないのです。

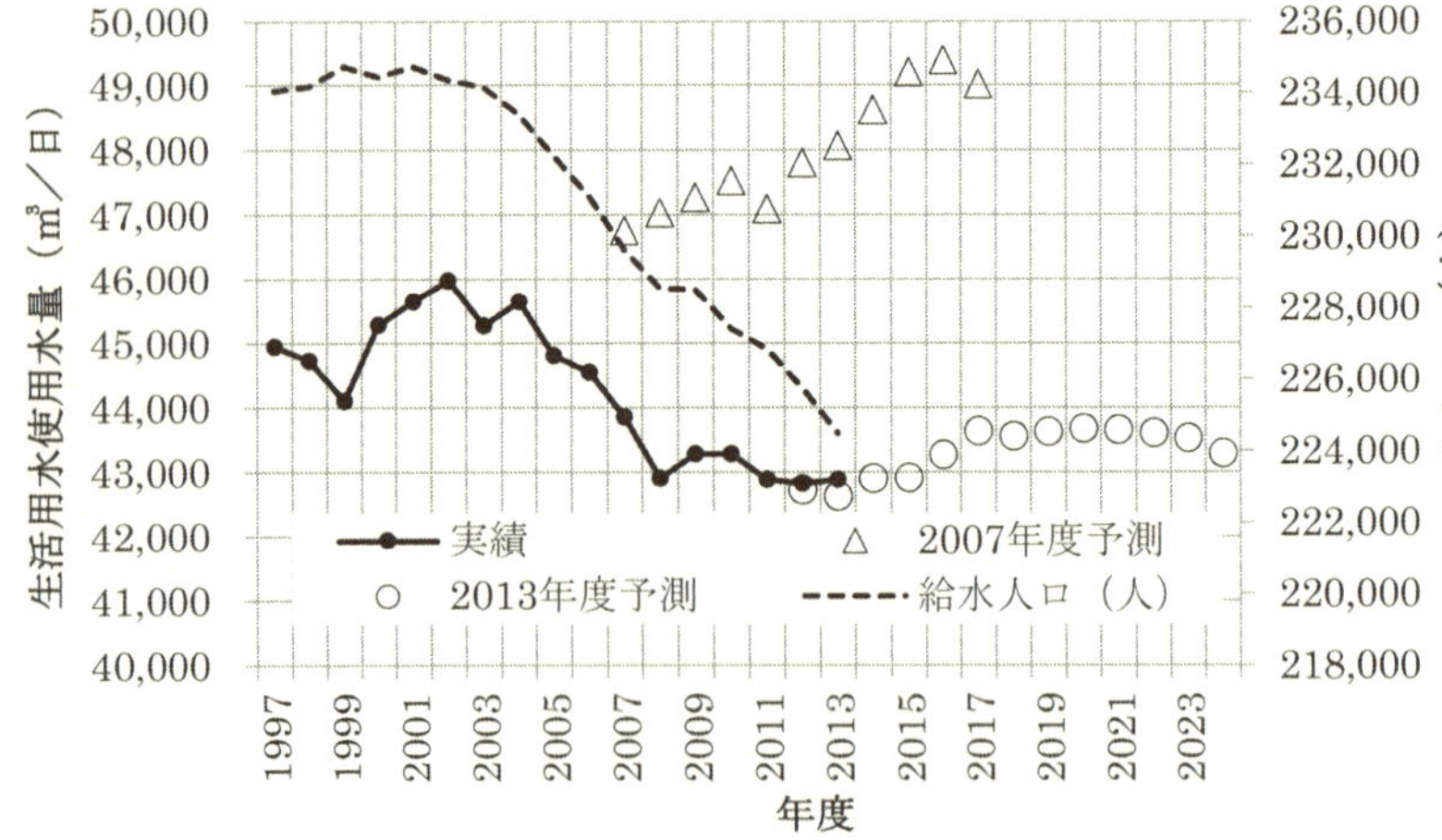

図２　佐世保地区の生活用水使用水量（㎥／日）

　実は、それだけではありません。平成二四年需要予測で佐世保市民の水需要量を強引に増やしても、それでもまだ「石木ダムがなければ佐世保市の利水に支障をきたす」とは言えないのです。そこで、起業者は、次項で述べる「佐世保市の企業の水需要予測」もまた、故意にでたらめの予測をしているのです。

平成六、七年の渇水は石木ダムの必要性の根拠とはならない

　ところで、起業者である佐世保市は「平成六、七年の渇水の苦しみを繰り返してはならない」と強調しています。

　たしかに、佐世保市民の皆さんにとっては、平成六、七年と同様の渇水状態にならないように対策を講じることが必要です。そのため、一部の方は「渇水対策として、石木ダムを建設する」と思っていらっしゃる方もいます。しかしそれは全くの誤解なのです。

　第一に、「渇水対策」は「ダムの必要性」には直結しません。起業者のいう「ダムの必要性」は、今まで見てきたように、あくまでも、「将来的に水需要が増えること」であり、

「将来の異常渇水に対応すること」ではありません。実際、起業者側は国に対して、「平成六、七年の渇水再来の防止」を石木ダム必要性の根拠として説明していません。佐世保市が、市民への説明において平成六、七年の渇水を持ち出しているのは、いたずらに渇水への不安を煽ることで、「本来は石木ダムがなくても佐世保市の将来の水需要に対応できる」という事実を隠ぺいするためだと、私たちは考えています。

第二に、本当に渇水を心配しているならば、その検討をすべきはずですが、佐世保市は、渇水に関するシミュレーションを全く行っていません。佐世保市が、本当に渇水を心配しているならば、いかなる方策によって渇水を防ぐことができるのか、最も効果的な税金投入は何かを検討することが必要です。そのためにはまず、平成六、七年同様の降水量となった場合、現時点で渇水が起きるかどうかの検証を行うべきです。佐世保市は二〇年前と比較し、人口の減少、漏水対策の実施、産業の構造の変化等、水需要にも影響を及ぼす変化や現状を踏まえ、平成六、七年の降水量となった場合に当時同様の水不足が生じるのか、というシミュレーションを行うことが不可欠です。起業者である佐世保市や長崎県にはその能力も備わっています。

しかし、実際にはどちらの起業者もそのシミュレーションを実施していません。これは、佐世保市が本気で「平成六、七年渇水の再来」を心配していない何よりの証拠ではないでしょうか。なお、私たちが試算したところによれば、仮に平成六、七年と同様の降雨量となった場合でも、貯水池の有効貯水量が増加していることに鑑みると、節水率約一〇％の減圧給水で対応でき、佐世保市民の実生活にはほとんど影響が出ないことがわかっています。

このように、起業者側の生活用水に関する説明には二つの嘘があるのです。すなわち一つ目は需要予測において恣意的なデータを積み上げて、故意に「石木ダムが必要である」という結果をねつ造したこと、二つ目は、本来石木ダム建設の必要性と直接関係しない「平成六、七年渇水への対策」を市民に対し繰り返し声高に叫び、「石木ダム建設の必要性がないこと」を隠ぺいしていることです。

3　佐世保市の企業の水需要予測の誤り

まず、**図3**を見てください。これは佐世保地区の一日最大給水量の数値をグラフ化したものです。この**図3**でも、**図1**で説明したのと全く同じごまかし、つまり平成一九年需要予測がでたらめであったこと、それにもかかわらず、平成二四年需要予測でも同様のでたらめな予測をしていること、がわかります。

しかし、**図1**と**図3**をよく見比べると、平成二四年予測は、**図3**の▲印の方が、**図1**の△印よりもさらに極端に増加していることがわかります。市民の水需要を根拠なく増やすだけでは、まだ「利水面における石木ダム建設の必要性」が満たされなかったため、別の「水需要」を持ってくる必要がありました。それがここで述べる「佐世保市の工場用水の需要予測」です。しかしこの点でも起業者は、故意にごまかしをしているのです。以下では、その点について述べます。

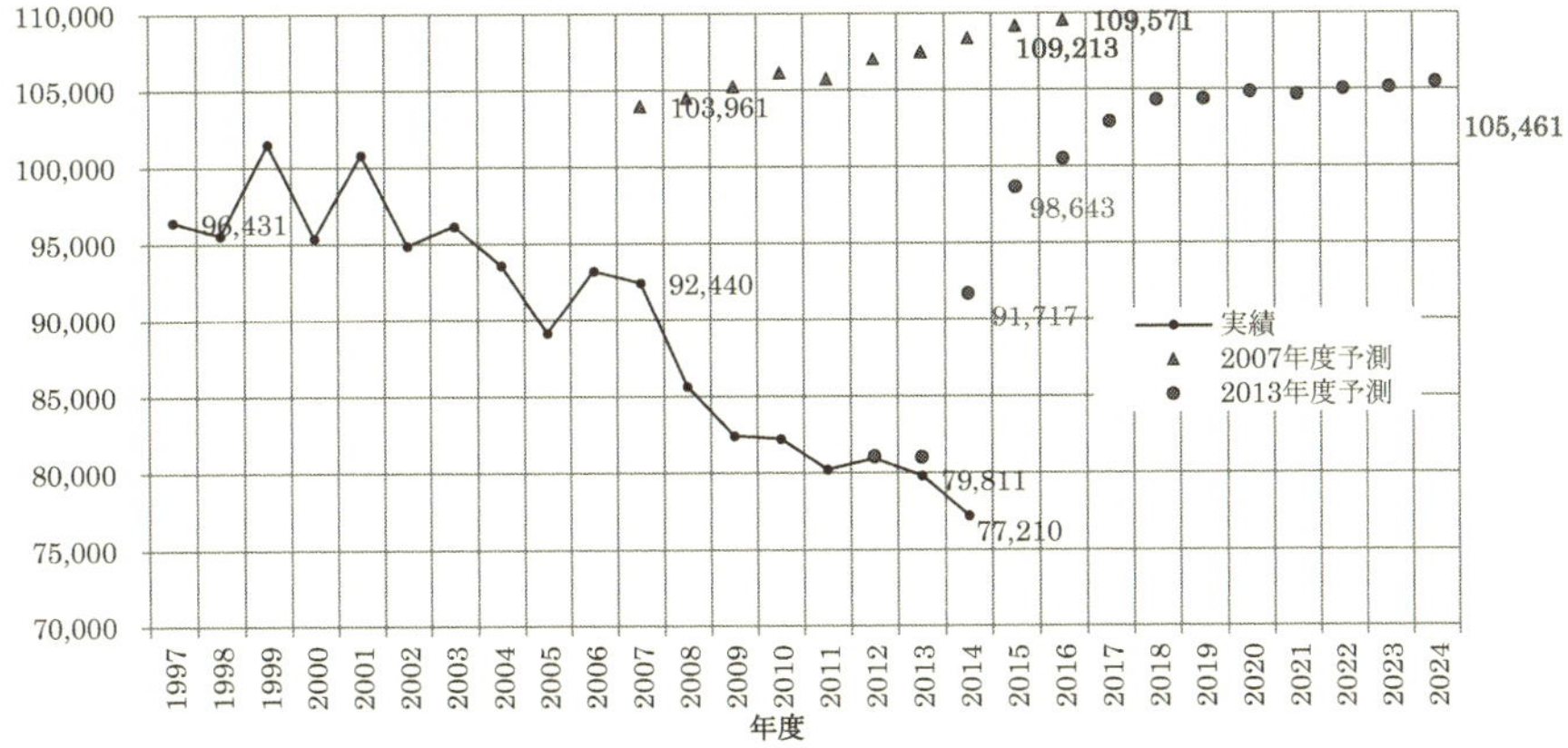

図３　佐世保地区一日最大給水量（㎥／日）

佐世保市の工場用水の需要予測についての起業者の説明

佐世保市水道局が作成した平成二四年水需要予測によれば、佐世保地区の工場用水の需要は、二〇一一年度の実績として一日あたり一八九〇㎥でした。ところが、石木ダムの目標年度の二〇二四年度には小佐々地区水道施設統合分七九四㎥／日を含めて八九七九㎥／日、つまり四・七五倍にも増加すると予測しています。そして、その一番の根拠は、佐世保市の工場用水の最大需要先である佐世保重工業株式会社（以下、「ＳＳＫ」）の水道使用量が、二〇一一年度の実績である一一六六㎥／日からわずか四年後の二〇一五年度以降は恒常的に五六九一㎥／日と四・八八倍にも急激に増加するというのです。ＳＳＫが、なぜこれほど急激に水道使用量が増加するのかというと、水需要予測資料には、「ＳＳＫでは経営方針の変更に伴い、修繕船の売上高を約二倍見込んである。」（同五六頁）という記載があり、船体洗い作業など修繕船の計画給水量だけで四四一二㎥／日の増加を見込んでいるというのです。

　しかし、このような佐世保市の工場用水の需要予測は、全く根拠のない誤ったものです。

起業者の説明の誤り

まず、「ＳＳＫでは経営方針の変更に伴い、修繕船の売上高を約二倍見込んである。」という記載自体、全くのでたらめです。ここでいうＳＳＫの「経営方針の変更」とは、二〇一二年一〇月二五日にＳＳＫが発表した「向こう三カ年の経営方針（事業再構築について）」に記載されている「艦艇・修繕船事業の増強」を指しています。しかしこれによると、「二〇一一年度実績約八六億円（総売上高六六〇億円×一三％）の艦艇・修繕船事業の売上高の目標値を、二〇一四年度には一〇〇億円にする」となっており、二〇一一年度実績の一・一六倍に過ぎません。さらに、二〇一三年五月一七日にＳＳＫが発表した「新中期経営計画」によれば、艦艇・修繕船事業の売上高目標は早くも下方修正され、二〇一五年度の売上高目標は九五億円と、二〇一一年度実績のわずか一・一〇倍程度です。通常に「ＳＳＫの修繕船の売上高を約二倍見込む」と虚偽の予測を立てているのです。この点については「一・一倍」や「一・一六倍」を「約二倍」とは表現しません。すなわち、佐世保市水道局は、故意佐世保市も、公開説明会において、「ＳＳＫでは経営方針の変更に伴い、修繕船の売上高を約二倍見込んである」という水需要予測資料の記載が明確な誤りであることを認めました。ただし、その上で水道局長らは、「売上高が二倍になるのではなく、ＳＳＫは、修繕船事業を強化し、会社の事業全体における修繕船事業の比率を二倍にする方針というのが正確であり、従来一つのドックで行っていた修繕船事業を二つのドックで同時に行う可能性を見込んでいる」と説明しました。

そこで、次に、仮にＳＳＫの修繕船事業の比率が二倍になるとして、それがなぜ「修繕船の計画給水量一日四四一二㎥」と急激に増加するのかという点が、問題になります。この点についても、佐世保市の需要予測はひどいものです。

佐世保市によれば、修繕船事業の四四一二㎥／日という数字は、二つのドックに一隻ずつ、合計二隻の修繕船が同時に入ったと仮に想定した場合の一日最大使用水量、すなわち、一年間のピーク時のみに必要となる可能性があると想定した最大値であり、佐世保市が独自に算出した数字です。ところが、その修繕船が同時に二隻ドックインするような事態が、果たして一年のうち何日くらい生じうるのかについては、佐世保市としては、SSKからの聴き取りさえしておらず、市としても、「その頻度については検討したことがないので一切わからない」というのです。

佐世保市によれば、SSKの修繕船事業の売上高が二倍になるという前提事実が全くの虚偽である点については、二〇一三年五月、長崎県を通じて問い合わせがあった時点で、事業認定庁である九州地方整備局にも、その誤りを修正報告したということのようですが、そもそも起業者が虚偽の前提事実を用いて、ダム建設の必要性を作出しようとするかのような姿勢は、当該ダムの必要性がないことを起業者自身が認識しているからに他なりません。

SSKの修繕船事業の強化が、石木ダム建設事業の必要性を基礎づける重要な工場用水の需要予測の柱だとしながらも、修繕船が同時に二隻ドックインする日の頻度はおろか、その有無さえ調査検討しておらず、そもそも一日最大使用水量「四四一二㎥／日」が実際に必要な日が本当に存在するのかさえ不明です。万が一、この最大水量を使用する日があったとしても、その日数が、ごくごくわずかなのであれば、わざわざ一年間フルにその需要に見合う容量を備えるダムを作るまでの必要性はないはずです。佐世保市の基幹産業であったSSK自体も経営状況の悪化で、二〇一二年度以降三期連続の赤字決算であり、二〇一四年秋には上場を廃止し、株式会社名村造船所の完全子会社となりました。こうした不透明な情勢の中、「四四一二㎥／日」という数字は、単に佐世保市が独自に試算した何ら客観的な根拠に基づかないものであり、ダムの必要性を作出するための過大な需要予測と言わざるを得えません。

この他、SSK以外の工場用水についても、佐世保市の需要予測は誤っています。佐世保市の工場用水使用量は全体として明らかに減少傾向が続いており、小口需要先だけをみても、二〇一一年度実績の七二四㎥／日は、一九九四年度実績の一七五九㎥／日の四一％程度にまで落ち込んでいます。それにもかかわらず、佐世保市は、「最低でも過去二〇年平均までは回復する見込みが高い」として、六年後の二〇一七年度以降は、過去二〇年平均である一一一四㎥／日（二〇一一年度実績の一・五倍）に増加するとしています。佐世保市のこの予測に何らの合理的根拠がないことが、日々の現実の利用状況の実績によって証明され続けていることは多言を要しません。

それ以外にも、佐世保地区の業務営業用水量の需要予測の誤りもあります。ここでは詳しいことは割愛しますが、佐世保市が述べる①小口需要先の需要が観光客数の増加に対応して増加する、②大口需要先である米軍と自衛隊については過去最大値を採用する、③新規分の需要が見込めるという根拠は、いずれも根拠のない不合理なものです。

このように佐世保市が行った、市民の水需要予測以外の水の需要予測（SSKの工場用水需要、小口需要、大口需要、新規需要などについての予測）は、何ら客観的な根拠に基づかないものであり、石木ダムの必要性を殊更作り出すために佐世保市が恣意的に行ったでたらめな予測なのです。

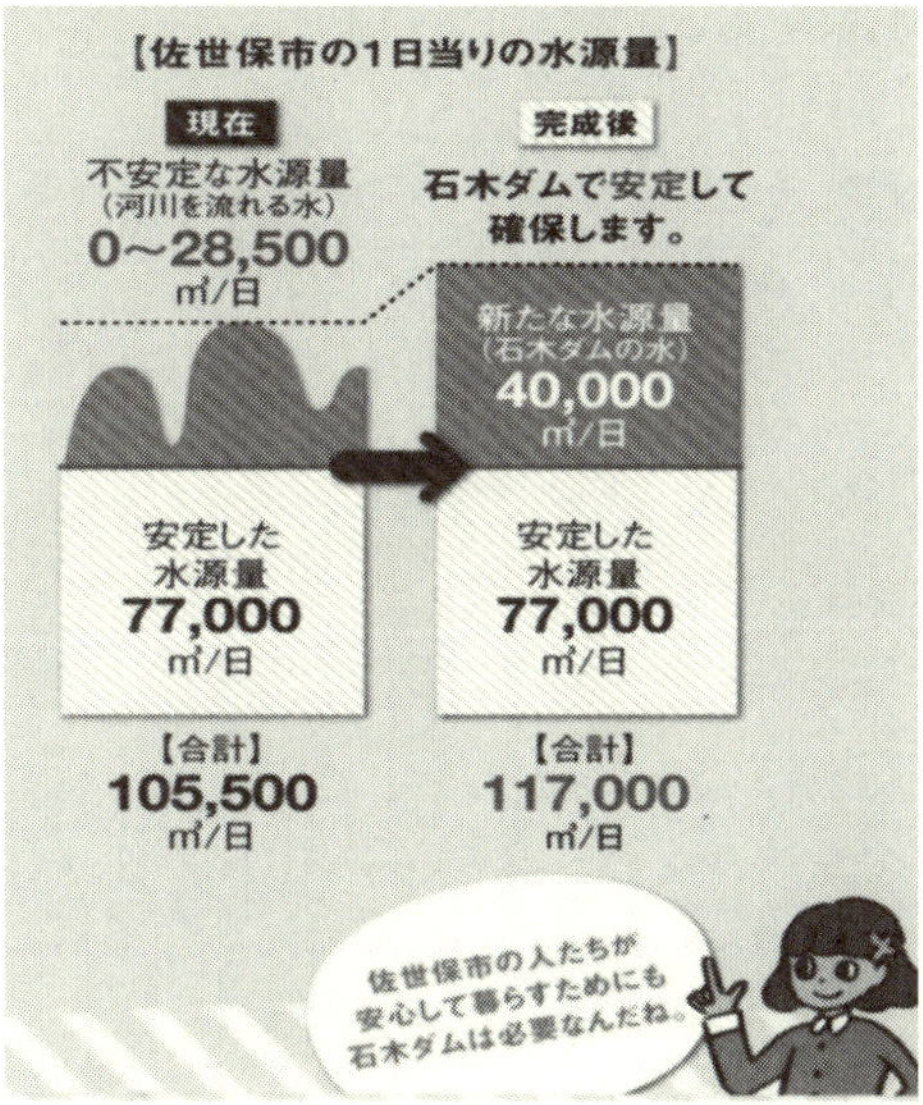

ながさきだより 2014 年 12 月号より抜粋

4　低く見積もられた保有水源量

起業者の説明

先に述べたとおり、起業者は、「将来的に一一万七〇〇〇㎥の水源確保が必要であるが、佐世保市において現在安定した水源量は一日当たり七万七〇〇〇㎥しかなく、それ以外（〇～二万八五〇〇㎥）は『不安定水源』であるので、四万㎥を確保するために石木ダム建設が必要である」と言っています。例えば長崎県が発行する『ながさきだより』二〇一四年一二月号でも、石木ダム建設に関する特集を組み、そのような説明をしています。

「将来的に一一万七〇〇〇㎥の水源確保が必要」という予測がでたらめであることは、今まで述べたとおりですが、では、安定的に供給できる水源は、本当に七万七〇〇〇㎥しかないのでしょうか。

実績

起業者が「不安定水源」と称している水源からも、佐世保市は、これまでずっと「安定的に」取水してきました。実績から見ると、到底「不安定」ではありません。

「不安定水源」という術語はない

ところで「不安定水源」とはなんでしょうか。そもそも、このような術語は存在しません。もっとも「不安定取水」という術語はあります。では、起業者の言う「不安定水源」とは、「不安定取水」のことでしょうか。

「不安定取水」というのは「河川流量が豊富な時には取水が可能であるが、河川流量が少なくなる渇水時には取水することが困難となる河川からの取水で、流量が基準渇水流量を超えたときのみ取水することができる」ものです。

「不安定取水」の対義語は「安定取水」であり、これには許可水利権と慣行水利権が含まれます。つまり慣行水利権は、「不安定取水」ではありません。

ところが、起業者は「佐世保市が現在使用している慣行水利権も『不安定水源』であるから、安定供給の前提とすることができない」という趣旨の説明をしています。とすると、「不安定水源」とは「不安定取水」とは違うものです。

この「不安定水源」の意味についての起業者の説明は非常にあいまいですが、どうやら「供給量が安定していない」という事実上の状況を示す用語として使用しており、「法律的に優先権がない」という意味で用いてはいないようです。そのため、法律上は、許可水利権と同等の権利を有する慣行水利権が存在する「四条橋取水場」、「三本木取水場」も「不安定水源」としているのです。

佐世保市の慣行水利権は決して「不安定な水源」ではない

「四条橋取水場」「三本木取水場」は、慣行水利権ですから、許可水利権同様、水がある限り、原則として取水できます。しかし起業者は、「不安定だから安定水源として考慮することはできない」と言います。確かに、水量がゼロの時があるならば考慮しないことはあり得ますが、この二つの取水場で水量がゼロだったことはありません。水量がゼロになるようなときがあるならば慣行水利権として利用されてきたはずはないでしょう。

そのことをデータで確認してみましょう。

再度**図3**を見て下さい。**図3**は佐世保地区の一日最大給水量を示したグラフですが、これは各年で最も多く給水を要した日を表しています。**図3**を見ると一九九七年以後の一日最大給水量の実績値は七万七〇〇〇㎥を大幅に超えています（もっとも、年々佐世保地区の水需要は減り続け、二〇一四年には一日最大給水量も七万七二一〇㎥となりました。この現状からすると、起業者側が言う「安定水源」七万七〇〇〇㎥だけで、一日最大給水量をまかなえる日は近く、そうだとすれば石木ダムは全くいらないことになりますね）。

このように、佐世保地区では、七万七〇〇〇㎥を超える部分を起業者が「水量が不安定である」としている「不安定水源」から長期にわたり安定的に取水してきたことがわかります。しかも慣行水利権は、許可水利権同様強い権利性を有していますので、法律上も問題となりません。つまり、事実上も、法律上も、慣行水利権は、「安定水源」なのです。

しかし、起業者はこのような取水実態を長崎県民、佐世保市民に積極的に説明することなく、いたずらに「不安定」という呼称を用い、あたかも水源が不足しているとの誤った認識を煽っていると言わざるを得ません。煽っているだけではなく、佐世保地区の「安定取水」量から故意に慣行水利権を除外することで、「供給量が足りない」という虚偽の説明をして、事業を進めているのです。

ここでもまた、石木ダムを建設するために嘘に嘘を積み重ねる起業者の実態が浮き彫りになっています。

5　利水面に関する結論と今後の展開

以上、佐世保市の利水についてまとめると

①佐世保地区の利水に関する起業者の予測は誤りである

②佐世保地区の水源は現状において十分確保できている

ということが言えます。

各データを冷静に分析すればこのような結論が導かれるはずであり、起業者はこのような結論を導く情報と能力を十分に備えているはずです。しかし、起業者は「石木ダム建設は必要」という結論を導くための数字合わせを意識的に行っているのです。まさしく「石木ダム建設」ありきなのです。

市内バス（2015 年 5 月 2 日）

石木ダム建設が進めば長崎県民、佐世保市民の多くの血税が投入されますが、本当にそれでよいのでしょうか。

このような合理性のない無駄な事業に多くの血税が投入されようとしていることを、もっと多くの長崎県民、佐世保市民に伝え、共有していく必要があります。そして、私たちは、起業者である長崎県や佐世保市に対して、公開質問、公開討論会、法的な手続きである裁判等、あらゆる機会を通じて納得できる説明を求めていきたいと考えています。

第2節　踏みにじられた佐世保市民の思い

石木川まもり隊代表　松本美智恵

1　石木ダム問題に出会って

私が「石木ダム」という言葉に初めて出会ったのは二〇〇八年の夏でした。佐世保市への転入手続きを済ませ市役所の玄関を出ると、正面にある水道局のビルの屋上から下ろされた「石木ダム建設は市民の願い」という大きな垂れ幕が目に飛び込んできました。そして、帰りのバスに乗ろうとしたら、その車体には「お願いしよう石木ダム」と書かれていて……。「石木ダム」という固有名詞が私の中に強烈な印象を残しました。ところが、近所の方に聞いても、そのダムがどこに造られようとしているのか誰も知らないし関心もないという感じで、とても不思議に思いました。

それから数ヵ月、私の関心も薄れかけていた頃、佐世保市に「水問題を考える市民の会」が発足し、石木ダムについての学習会が始まりました。一回目の講演で、「なぜ僕たちが犠牲にならなければいけないのですか?」と語った現地の若者の言葉が、ズシリと胸に響きました。その後七回に及ぶ学習会で石木ダムに関する様々なことを学びましたが、何よりも佐世保市水道局職員による資料提供と説明はたいへん勉強になりました。

素人なりに佐世保の水事情の実態が徐々にわかってきて、この貴重な情報をより多くの市民に伝え、石木ダムについて共に考える仲間を増やしたいと思い、二〇〇九年七月「石木川まもり隊」というホームページを立ち上げ、情報発信を開始しました。

2　佐世保市民として訴えたいこと

私たち佐世保市民の利益のために、川棚町の豊かな自然や地権者の皆さんの暮らしを破壊してしまうことは何としても避けたいと願っていますが、それ以上に私たちが訴えてきたのは、「石木ダム問題は私たち自身の問題だ」ということです。なぜなら、石木ダム建設費の三五％と関連事業費の全てを負担するのは私たち佐世保市民であり、その総額はおよそ三五三億円とも言われています。このような大きな借金を背負い、子や孫にまでツケを回しても良いのか？　それほど必要なダムなのか？　私たちにはそれを考える責任と義務があります。そして考えた結果、私たちにとってダムの必要性は全く無いという結論に至りました。なぜなら、

①私たちは新たなダムを必要とするほど水に困っていない

②石木ダム事業費に対する佐世保市民の負担はあまりにも大きく、それらは必ず水道料金の値上げを引き起こし一般会計をも圧迫するだろう

③まずは過大な水需要予測を見直し、正確な予測を立て直すこと

④その結果、仮にもう少し水源の余裕を求めるなら、ダム以外の方法（佐々川からの取水や再生水の活用など）で十分である

このようなことを県や佐世保市や水道局、そして市議会にも訴えてきました。

佐世保市内　大パレード（2015 年 1 月 18 日）

　また、様々なイベントや集会、署名活動などを通して市民・県民にも呼びかけてきました。市に関する活動は主に「水問題を考える市民の会」「石木川まもり隊」の二団体でおこない、長崎県や国に対しては他の市民団体「石木ダム建設絶対反対同盟」「石木川の清流を守り川棚川の治水を考える町民の会」「石木川の清流とホタルを守る市民の会」や石木ダム対策弁護団などと共にとりくんできました。その回数を簡単にまとめてみます（二〇〇八年一一月三〇日～二〇一五年五月二〇日）。

・佐世保市長へ公開質問状提出や申し入れなど：六回
・佐世保市水道局への公開質問状提出や申し入れなど：一八回
・佐世保市議会への請願や意見交換の申し入れなど：一〇回
・長崎県知事への公開質問状提出や申し入れな

ど：二九回
・九州地方整備局への資料送付や申し入れなど：八回
・市民集会・学習会・報告会など：二三回
・上映会・写真展・パネル展・ため池探検などのイベント：一七回
・署名提出：二回（二〇一〇年：約四五〇〇筆、二〇一四年：一万一九五筆、二〇一五年三月提出予定）
・街頭署名活動：一一回、街頭チラシ配布：一二回以上（記録漏れあり）
・アンケート調査：九回

3　市民アンケート

佐世保市は「石木ダムは市民の願い」と言い続けていますが、はたしてそうなのか？疑問に思った私たちは小規模の市民アンケートを様々な会場で過去五回実施しました。
①シンポジウム「佐世保の水これから」（二〇〇九年一二月）
②「アースデイさせぼ」（二〇一一年四月）
③アーケード街（二〇一二年八月）
④「強制収用を許さない」佐世保集会（二〇一四年一一月）
⑤「今こそ考えよう石木ダム」佐世保集会（二〇一五年一月）
ただ、②は地球環境問題に、①④⑤はダム問題にそれぞれ意識の高い方々が多く参加していました

ので、そこで「石木ダムが必要」と答えた人はいずれも一〇％以下であり、市民の意識調査としてはあまり参考にはなりませんでした。

しかし③の街頭アンケートは商店街の通行人を対象に実施したもので、一般市民の感覚にかなり近いと思われます。その結果は、「必要二六人」「不要五五人」「わからない一五人」で、必要と考えている人の割合は二七％でした。やはり「石木ダムは市民の願いではない」と私たちは実感しました。

4　踏みにじられた民意

他都市と比較しても人口減少が著しい佐世保市の将来を考えると、多くの市民が新たなダムを造る必要性に疑問を抱き、また財政的な不安も感じています。私たちはもう無関心ではいられません。素人なりに学び、様々な資料を集め、専門家の力も借りて分析し考えてきました。その上で議会や行政との話し合いを求めてきましたが、残念ながら拒否されるか形だけのもので終わっています。

一方で市は「石木ダム建設促進佐世保市民の会」からの要望書を国に提出し、同会が佐世保市民の声を代表しているかのように説明しています。しかし、同会は市民の会とは名ばかりで、運営費は一〇〇％市の助成金で賄われ、事務局も市役所内に置かれている官製団体です。偽りの市民団体を作り、それを民の声と称し、国からの補助金を引き出す。そんな市民を欺くやり方はもう終わりにして欲しい。これ以上無駄なダム計画を引っ張ることは、川原住民はもとより、佐世保市民にとっても不幸なことです。

嘆いていても何も解決はしません。このような市政を生み出したのはやはり私たちの責任ですから。石木ダム計画が白紙撤回されるまで、これからも諦めずに問いかけ、発信し行動していきます（踏みにじられるほどに強くなることを、私たちは川原の皆さんから学んでいるところです）。

第3章　治水面から見た石木ダム事業の違法性

第1節　治水のために石木ダムはいらない

石木ダム対策弁護団　弁護士　緒方剛

1　問題の所在

長崎県のホームページでは、過去に川棚川で発生した水害事例を引用して、石木ダムで川棚川の河川流量を調節し、洪水調節をすると記載されています。

川棚町では、これまでに川棚川の氾濫で大きな水害が、記録上四回発生したことがあるようです。一九四八年（昭和二三年）九月一一日、一九五六年（昭和三一年）八月二七日、一九六七年（昭和四二年）七月九日、及び一九九〇年（平成二年）七月二日の四回です。長崎県のホームページでは、「石木ダムの建設で洪水被害の軽減を図ります」と述べた上で、川棚川流域で過去に発生したこれらの洪水被害の新聞記事や写真などを並べて、あたかも石木ダムが建設されない限りこれまでの洪水被害が今後も同じように発生するかのような広報をしています。

確かに、過去の大水害時と同じような洪水被害が今後も発生する可能性があるとすれば、川棚町民、特に下流域の方々が安全に暮らすために、何らかの水害対策は必要です。しかし、そのためには、石木ダムを建設するしかないのでしょうか。つまり、石木ダムを建設しなければ、過去に発生した水害時と同じように雨が降った場合に、川棚川流域では同じような洪水被害が発生してしまうのでしょうか。逆に、石木ダムを建設することで洪水被害が防止できるのでしょうか。

答えはいずれもノーです。これまで長崎県との間で行った協議の中で、はっきりと判ったのは、石木ダムを新たに建設しなくても、これまでと同じような洪水被害は既に発生しなくなっている（石木ダムがなくても十分に過去の洪水時の流量の水を下流へと流下できる）ということです。また、石木ダムを建設すれば洪水被害がなくなるということはないのです。

以下に述べるとおり長崎県が主張する石木ダム建設の治水目的は全く根拠のないものなのです。

治水計画の策定手順

最初に、一般的に治水計画を策定する際にはどのような手順をとるかについて説明します。

まず、どの程度の降雨まで安全に河川の水を流下することができるかという計画規模を決めます。この安全の度合いを「治水安全度」といいます。例えば三〇年に一度発生する洪水に対して安全な場合は「治水安全度一／三〇年」、一〇〇年に一度発生する洪水に対して安全な場合は「治水安全度一／一〇〇年」と言います。

次に、「計画雨量」を決めます。「計画雨量」は治水安全度に応じた最大降雨量で、洪水ピーク流量を含めた流量に影響をもたらす連続降雨期間（集水域が狭い場合は数時間、広い場合は二四時間とか四八時間）についての過去の実績降雨データから確率計算で算出します。例えば治水安全度を一／一〇〇年とし、洪水流量に影響をもたらす連続降雨期間を二四時間とした場合、過去の降雨データから一〇〇年に一度発生するであろう二四時間最大降雨量を算出し、これを「計画雨量」とするのです。川棚川の場合は、二四時間雨量と三時間雨量について一〇〇年に一度発生するであろう最大降雨量を以て、計画雨量としています。また、ある河川での降雨を想定した場合、降雨の場所・時間・量によって当該河川に流出する洪水流量が異なります。そこで、過去のデータから複数の降雨パターン（降雨量の変化、時間ごとの降雨量分布）を検証した上で、計画上想定する雨の降り方（降雨パターン）を決定します。

最後に、「基本高水流量」を決定します。「基本高水流量」は、「計画雨量」の雨が、採用した降雨パターンにて流域に降った場合に、雨がそのまま川に流れ出るとした場合の河川の流量のことです。ダム等の洪水調整を行わない状態で、河川にどの程度水が流れるかを計算した流量のことです。この「基本高水流量」を当該河川の最終治水目標流量とします。具体的な治水目標を立てる際、すなわち、河川整備計画を策定する際は、その河川整備計画の達成目標期間を二〇～三〇年にしています。また、整備目標を基本高水流量ではなく達成可能な流量に設定しているので、基本高水流量よりかなり低い流量が設定されています。

これらのことを基礎に、洪水調整を行い安全に流下できるよう治水計画が策定されます。なお、「基本高水流量」からダムや調節池などの洪水調節の

No.	洪水名	山道橋（㎥／s）
1	S23.9.11 洪水	1127.9
2	S30.4.15 洪水	518.3
3	S32.7.25 洪水	416.8
4	S42.7.9 洪水	1391.1
5	S57.7.23 洪水	800.4
6	S63.6.2 洪水	1032.3
7	H1.7.28 洪水	619.8
8	H2.7.2 洪水	841.0
9	H3.9.14 洪水	1051.9
最大（10㎥／s 切り上げ）		1400.0

主要洪水流量一覧表

量を差し引いて川に受け持たせる流量のことを「計画高水流量」といいます。このようなことを順番に検討して、治水計画を作るのが一般的です。

長崎県による治水計画

長崎県の資料（川棚川水系河川整備計画）では、治水計画について次のような説明がなされています。まず、川棚川のうち石木ダムの設置予定のある石木川と合流する地点より下流については一／一〇〇年の治水安全度とし、合流地点より上流では一／三〇年の治水安全度としています。そして、一〇〇年に一度の確率で発生する降雨量について、最大二四時間雨量を四〇〇㎜、最大三時間雨量を二〇三㎜となるとしています。

その上で、この最大雨量（二四時間雨量が四〇〇㎜となり、かつ三時間雨量が二〇三㎜となるように）を過去の九洪水の降雨パターン（雨量の分布パターン）に当てはめます。降雨パターンは、簡単に言えば雨が多くなったり、少なくなったりする時間的変化が、過去に発生した洪水時にどのようになっていたかを再現したものです。そして、降雨パターンに当てはめるというのは、降雨パターンごとに二四時間雨量、三時間雨量がそれぞれ最大（四〇〇㎜、二〇三㎜）となる数値に設定をして、川棚川の流量がどのようになるかをシミュレーションすることです。このようにして、過去の九洪水（の降雨パターン）について計画雨量が降ったことを想定したそれぞれの川棚川に流れ出す流量パターンを描き、その中で川棚川の流量ピークが最大となった流量を採用し、「一〇〇年間で予想される一番大きな流量」として基本高水流量一四〇〇㎥／秒としているのです。ここで採用された降雨パターンは、前述の最大雨量（計画雨量）をあてはめた場合に川棚川の流量がもっとも大きなピーク流量となった一九六七年七月九日洪水型が採用されています。

長崎県の意見まとめ

簡単にまとめますと、「一〇〇年に一度川棚川に一四〇〇㎥／秒の流量が流れる可能性があるとして、この流量を既存の野々川ダムで八〇㎥／秒、新設する石木ダムで二二〇㎥／秒を調整（ピークカット）し、基準点となる山道橋付近にて最大流量を一一三〇㎥／秒となるようにする」というのが、長崎県の治水計画なのです。

問題点

しかし、①現在の石木川合流点より下流の川棚川は、過去の水害時と同じ流量であれば、計画通りの河道整備のみで十分に治水はできます。また、②治水安全度を河川のうち（石木ダム建設が予定される）石木川の合流地点の上流と下流とで異なるものとしていますが、この治水安全度の設定には合理性は全くありません。さらに、③基本高水流量は実際には一〇〇年に一度も発生する可能性はない極端な流量になっています。そして、④これまでに発生した洪水の原因は科学的に検証されたことは一度もありません。さらには、⑤ダムの代替案についてこれまでに真摯に検討されてきていません。以下、具体的にこれらの問題点の内容を述べます。

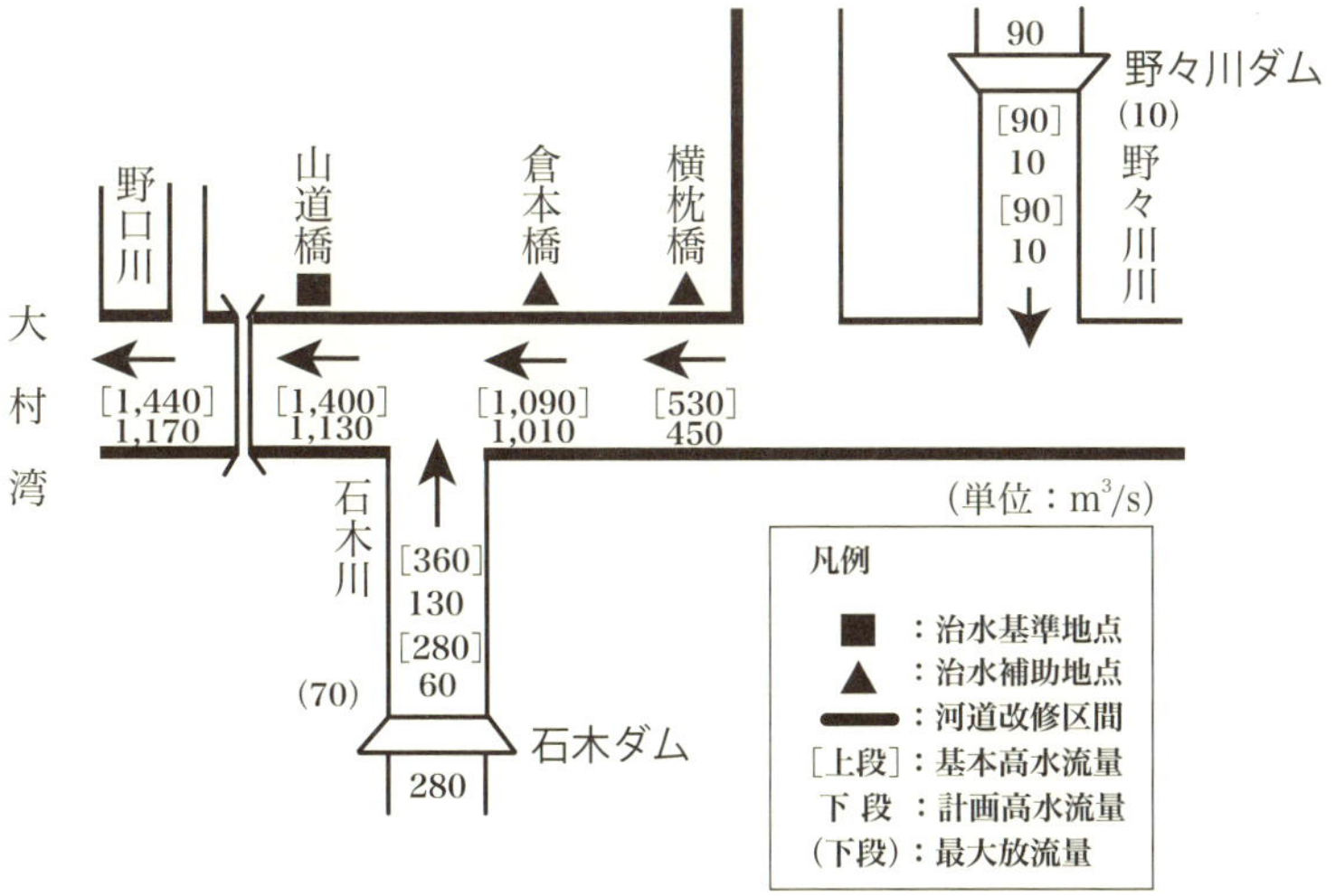

川棚川計画高水流量配分図

流出結果より、基本高水流量は昭和 42 年 7 月 9 日洪水型を採用し、山道橋基準点で 1400m^3/s とする。(基本高水流量は最大流量を 10m^3/s 単位にて切り上げるものとする。)

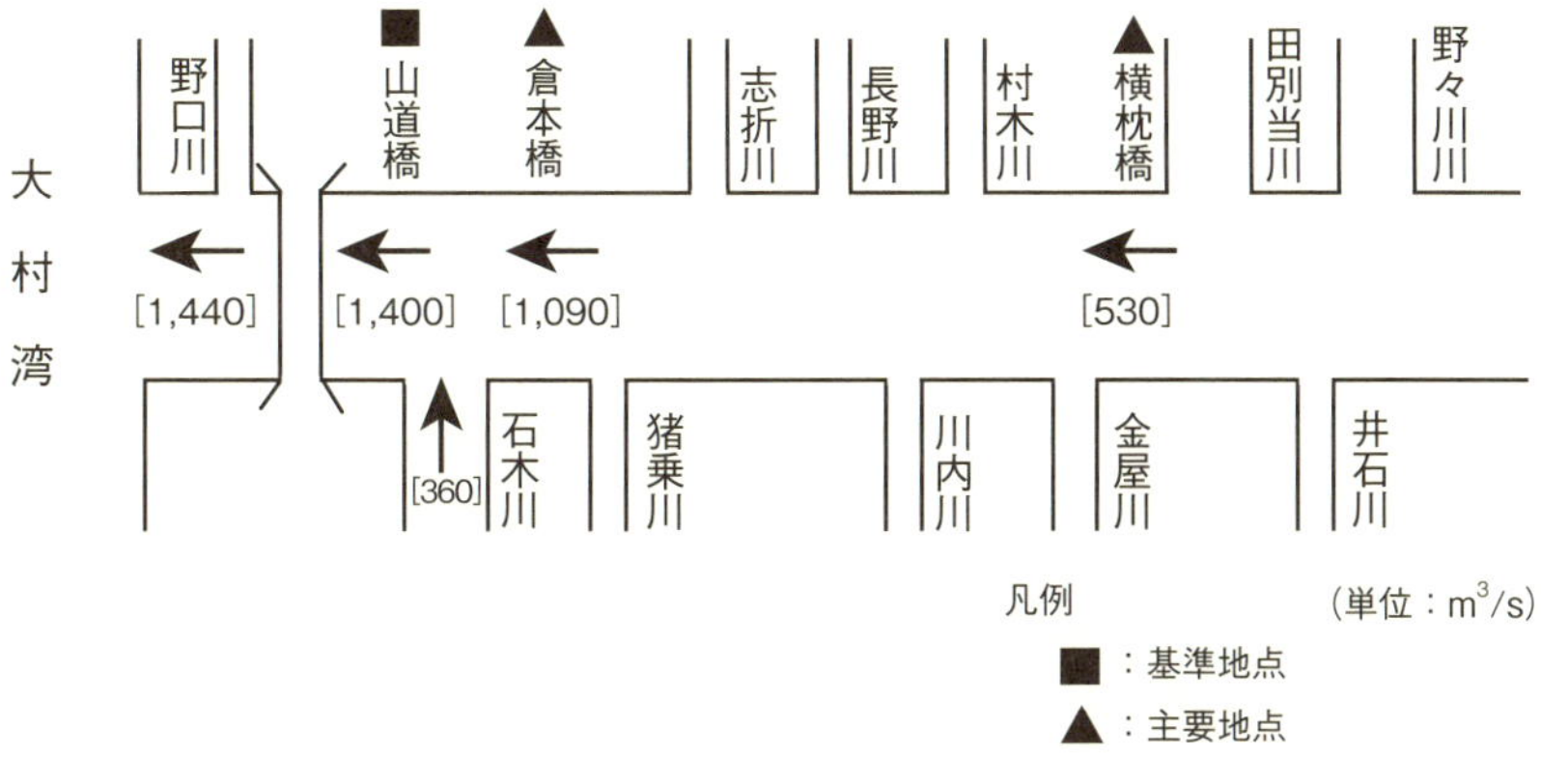

川棚川基本高水流量配分図（確率 1/100）昭和 42 年洪水型

2　長崎県の治水計画のでたらめさ

本稿では、以下、①河道整備のみで十分な治水対策となる点、②治水安全度がずさんに設定されている点、③基本高水流量が不合理に設定されている点、④過去の洪水原因分析はなされていない点、⑤現実的な代替案の検討がなされていない点の五点について述べます。①～⑤のいずれの点からも長崎県の主張はでたらめであり、治水のために石木ダムの建設は不要であることを明らかにしたいと思います。

計画通りの河道整備のみで十分な治水対策となる

長崎県の川棚川水系河川整備計画では、治水計画として河道の整備を行うとともに石木ダムを作ることとされています。

そして、これまでの説明会の中で、長崎県が策定した整備計画にしたがって、河道の整備を行った場合には、石木ダムがなくても一一三〇㎥／秒（基準点である山道橋地点）の流量まで安定して下流へと流すことができることが明らかとなっています。長崎県によればこの河道整備を行う上で特に技術的に困難な点はなく、完成の時期ははっきりと決まっていないものの「しっかりと行う」と明言しています。

ここで掲げられた「流下能力一一三〇㎥／秒」という数字が大事なのです。これまでに大きな水害が四回記録されていることは先に述べたとおりですが、これらの水害の際の降水量や降雨パターンはデータで明らかになっています。実は、それらの際でも川棚川の流量が一一三〇㎥／秒を超えたことは一度もないのです。言い換えると、実績のデータを見ると、これまでの水害時と同様の降雨では、石木ダムがなくても、河道の整備を計画通りに行えば、石木ダムで守ろうとしている川棚川の石木川合流点下流域で洪水被害が発生することはないのです。長崎県は、これらの事実を認めていながら、県民には全く明らかにせずに、あたかもこれまでと同じような大雨が発生したら、過去の水害と同様の被害が発生するかのような広報を行ってきていたのです。

石木ダムがなくとも過去の水害時の雨の降り方であれば洪水被害は発生しないのですから、長崎県が石木ダム建設目的を説明する際に過去の洪水被害を事例として引用することは、説明を受ける人に対して誤解を与える説明です。あたかも過去と同じような降雨があった場合に同じような被害が発生するかのような印象を与えます。長崎県もこのことは意識しているようで、ホームページには「過去と同じような水害を防止する」ためにダムが必要とは記載せず、「概ね一〇〇年に一回程度発生すると予測される降雨による洪水を軽減するためには、石木ダムに頼るしかありません。」と記載しているのです。

長崎県としては、正確には「記録上存在する過去の降雨と同じような雨が降ったとしても石木ダムは不要であるが、過去に例がない一〇〇年に一度発生すると（長崎県の職員が）考える異常な降雨があった場合にのみ越流による水害が発生する可能性があるため、石木ダムが必要となる」というような説明をすべきことになるでしょう。

もっとも、実際には、長崎県の説明する「一〇〇年に一回程度発生すると予測される降雨」自体に問題があること、百歩譲ってそのような降雨が起きたとしても、河道が計画通りに整備されていれば、越流することなく安全に海に流れ去るのは、後述のとおりです。

ずさんな治水安全度の設定

長崎県は、河川整備計画で川棚川のうち（石木ダムの建設予定のある）石木川との合流地点より下流は「治水安全度一／一〇〇年」、石木川合流地点より上流は「治水安全度一／三〇年」と設定しています。どうして、石木ダム建設予定地である石木川合流地点の上流と下流で、治水安全度に差をつけているかについては、長崎県からは十分な説明はありません。

また、このように一つの河川において段階的な治水安全度の設定をすると、川棚川にて「治水安全度一／一〇〇年」として想定した豪雨が発生した場合には、治水安全度の高い下流域で河川が氾濫（越流）する以前に、治水安全度の低い上流域で先に河川の氾濫が発生してしまう場合があります。

川棚川の石木川合流点上流にかかる倉本橋地点の流下能力は、一／三〇対応のままなので六六〇㎥／秒しかありません。長崎県の主張する一〇〇年に一度の豪雨が降った場合、この付近の流量の予測は一〇一〇㎥／秒と予測されています（前掲降水流量配分図の計画高水流量）ので、石木川合流点に到達する前に河川外に大量（計算上は三五〇㎥／秒）に溢れてしまいます。その場合には、下流域では想定していたような水位・流量となりませんから、石木ダムがあろうがなかろうが、下流域では氾濫は起きません。

つまり、仮に石木ダムが建設された後に長崎県の主張するような一〇〇年に一度の豪雨が発生したとしても、石木川合流点に流れ着く洪水は途中で大量に溢れる結果、現実に流れてくる流量は六六〇㎥／秒程度となります。石木ダムで調節が必要になる川棚川流量一〇一〇㎥／秒より遙かに少なく、石木ダムが治水上の役割を果たすことができません。

確かに、過去に発生した水害時には、未だ河道整備が不十分であった下流地点において越流が発生した可能性がありますが、後述のようにその後に策定された河川整備計画では十分な流下能力が確保されますので従前の洪水被害時とは状況は全く異なります。このため、石木ダムにより川棚川下流域での流量低下を図ろうとしても、現実的には越流被害をもたらす洪水は発生しないのです。

また、川棚川流域のうち石木川合流地点より上流は主として波佐見町です。先述のように大きく異なる治水安全度を設定すると、波佐見町の方が合流地点より下流よりも人口が多いため、かえって大きな被害が出るかもしれません。

ですから下流域の水位の低下を期待する石木ダムを建設するよりも、同じ予算を使うならば流域全体の治水（流下能力の確保）をしっかりと行った方が流域全体の地域住民の皆さんの利益に資するのです。それにもかかわらず前記のようにことさらに治水安全度に差をつけているのは、単に、石木ダムを建設するための方便に過ぎないのではないでしょうか。

根拠のない基本高水流量の設定

長崎県は「基本高水流量」（計算上出てくる大雨の場合に到達するであろう川棚川の流量）を一四

〇〇㎥／秒としています。「基本高水流量」は治水計画策定の前提となるものですので、この数値に合理性があることは必要不可欠です。長崎県が定めた一四〇〇㎥／秒という「基本高水流量」に合理性があるか検討してみましょう。

まず、川棚川ではこれまで一四〇〇㎥／秒の流量となったことは記録上一度もありません。すなわち、記録上川棚川の洪水時の流量が最大となったのは、一九四八年九月に発生した水害時でした。その際の川棚川の流量は、一〇一八〜一一一六㎥／秒の流量でした（「川棚川総合開発事業の検証に係る検討結果報告書補足資料」四頁）ので、長崎県の主張する一四〇〇㎥／秒をはるかに下回っています。したがって、長崎県の考える基本高水流量は、実績値をはるかに上回る異常な数値となっています。

そして、長崎県は先述のように、確率計算より一〇〇年に一回の最大二四時間雨量四〇〇㎜、三時間雨量を二〇三㎜と設定しました。そして、この条件を過去の九洪水（の降雨パターン）に当てはめて（降雨量を引き伸して）、もっとも大きなピーク流量が得られた一九六七年七月九日洪水型の一四〇〇㎥／秒を基本高水流量としています。簡単に言えば、一〇〇年に一度の確率で二四時間に四〇〇㎜かつ三時間で二〇三㎜の量の雨が降る可能性があり、さらにその際の雨の降り方を短時間（約一時間）に勢いよく降った場合を想定しているのです。

確かに、確率論としては二四時間の雨量四〇〇㎜、三時間雨量二〇三㎜となることは一〇〇年に一度あるかもしれません。しかし、これと、川棚川にて一〇〇年に一度一四〇〇㎥／秒の流量となることは同じではありません。降雨パターン（雨の時間分布）についての異常値の棄却検定をしていないからです。すなわち、長崎県の確率計算はあくまで一〇〇年に一度発生する二四時間と三時間の雨最大量の計算のみであり、どのような雨の降り方が発生するかについては、確率計算から除外しているのです。

長崎県は九パターンの降雨パターン（雨量分布）のうち、一九六七年七月九日洪水型の集中豪雨のような下に示す降雨パターンを採用しています。

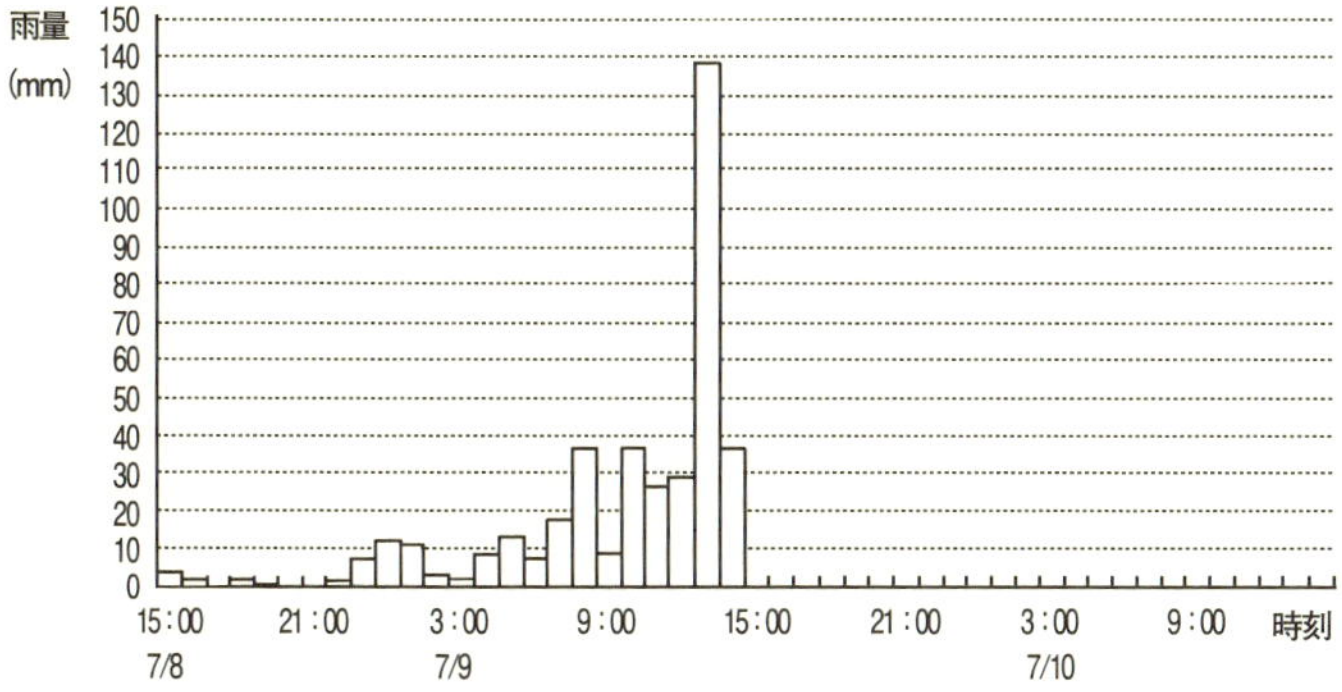

計画降雨ハイエト（昭和42年7月9日型）

ここで採用されたパターン自体、長崎県が水害事例として挙げた九つのパターンのうちの一パターンにすぎません。また、この降雨パターンは、一時間に集中して一三八㎜の降雨があり、他の時間帯は三分の一未満という極めて特殊な雨の降り方となっています。最大降雨量を算出した時点で一〇〇年に一回発生する最大降雨量の確率計算となっているのですから、既に確率としては最大降雨量の発生する確率は一／一〇〇年となっています。その上で様々な降雨分布のうち、特殊な降雨分布となるパターンを採用しているのですから、明らかに一／一〇〇年よりも発生確率は低いはずです。本来は採用する降雨パターンを決定する際に、単に二四時間と三時間降雨量が最大降雨量となる確率だけでなく、流域への一時間あたりの降雨の量（降雨強度）についてもそれが生じる確率を考慮しなくてはいけないのです。

このように、長崎県が想定する一〇〇年に一度の最大洪水流量をもたらす降雨量は二四時間と三時間降雨量が一〇〇年に一回最大となり、かつ一九六七年七月九日洪水型の降り方となる（それが同時に発生する）場合なので、その降雨パターンが生じる確率が、一〇〇年に一回よりもさらに低いことは明らかです。正確な確率は統計学上再検証が必要ですが、試算上は七〇〇〜八〇〇年の一度との指摘もあります。ですから当然、長崎県の想定する流量になる確率もまた一〇〇年に一回ではなく、これよりも大幅に低くなります。川棚川で実際に発生した流量実績の数値（一〇一八〜一一一六㎥／秒）から見ても、一四〇〇㎥／秒という数字はあまりにもかけ離れた数値ですので、一四〇〇㎥／秒という数字はまさに長崎県が作り上げた机上の空論です。

本来的には、基本高水流量の設定における引き伸し降雨パターンの採用については、実際の数値から極端に離れた降雨強度（一時間あたりの雨量）となる場合、そのような試算結果を棄却し（採用せず）、その余の現実的な数値となるような降雨パターン（対象降雨）を用いるべき（「国土交通省河川砂防技術基準同解説計画編」三二頁）なのです。一九六七年七月九日洪水型の集中豪雨を計画雨量にまで引き伸ばした降雨パターンでは、一時間最大雨量が一三八㎜と異常に突出しています。この一時間最大雨量一三八㎜が生じる確率を検定すると、七〇〇〜八〇〇年に一度、ということが分かりました。一〇〇年に一度よりも遙かに少ない確率なので、一時間一三八㎜という降雨は異常値として棄却されなければなりません。したがって、一九六七年七月九日洪水型で求めた一四〇〇㎥／秒は選択できないのです。長崎県の手法に従えば、次に大きなピーク流量値一一二七・九㎥／秒を示した、一九四八年九月一一日洪水を引き伸ばした降雨パターンを採用することになります。

しかし、長崎県としては「基本高水流量」を多くしなければ治水のためにダムの必要性がないことがはっきりとしてしまいますので、このような実態とかけ離れた根拠のない数値をそのまま利用しているのです。前記のように、川棚川の流下能力は、整備計画上一一三〇㎥／秒とすることとなっていますので、長崎県としては、石木ダムを建設するためにどうしてもこの数値をはるかに上回る「基本高水流量」がなくては困ります。先述のように、本当は実績値を考慮して、基本高水流量の設定を高くとも一一二八㎥／秒程度とすべきところなのですが、これでは石木ダムが不要であることが明確になってしまいます。

しかも、川棚川には上流に既に野々川ダムがあり、このダムで調節効果八〇㎥／秒があることから、石木ダムを作りたい立場の長崎県からすれば（整備計画上の流下能力一一三〇㎥／秒＋野々川ダム調節能力八〇㎥／秒で）少なくとも基本高水流量は一二一〇㎥／秒を大きく越える数字であってもらわなければ困るのです。このため、長崎県は現実離れした基本高水流量を設定し、ダムの必要性があるかのごとき外観をねつ造したのです。

したがって、長崎県の主張する一四〇〇㎥／秒の基本高水流量は、単に石木ダムの建設を目的として、机上で可能な限り大きな数字を積み上げた結果にすぎないのです。

洪水の原因

前記のように、長崎県は、川棚川流域の治水のために石木ダムが必要だと主張し、過去の水害を例にとってあたかも過去の水害と同じような水害を防止するために石木ダムが必要であるかのような説明をしています。

ところで、本当に水害を防ぐために効果的な治水計画を策定したいのであれば、過去の水害の原因をしっかりと研究することは不可欠です。

しかし、長崎県は、過去に川棚川流域にて発生した洪水被害は、川棚川を流れる水が堤防を越えて住居地等（陸域部）へと流入した（越流による）「外水氾濫」と主張はしますが、過去の水害の原因分析はほとんどしていません。しかも「外水氾濫だ」と主張する根拠は、単に写真を提示して、河川から越流しているように見えるからというだけであり、科学的調査等に基づくものではありません。

川棚川流域で発生した水害の原因について、いろいろな方々が、「内水氾濫」（低地に降った雨が河川等に流出できなかったことによって氾濫する場合）や支流の氾濫（川棚川の支流が氾濫して越流した場合）の可能性を何度も指摘しているにもかかわらず、これまでに原因追及をまじめにしていません。ですから、当然、石木ダム建設以外の方法で内水氾濫、支流氾濫を防ぐ方法も、あるいは石木ダムを作ることで内水氾濫、支流氾濫をどれくらい防げるかという効果も、長崎県は全く検証していません。真に川棚川流域での洪水被害を防止しようとするのであれば、実際に発生した水害の原因を分析することは必要不可欠ですが、この点からも長崎県が主張する治水目的のために石木ダムが必要だという主張自体疑わしいものと考えざるをえません。

実際の水害の原因は何だったのかについて正確には、さらに調査をしなければなりませんが、「陸域部の排水ができないことによる内水氾濫が主たる原因であった」可能性が指摘されています。すなわち、過去に水害の発生した川棚町では、陸域部分より川棚川への雨水を排水する排水路吐出口が複数あります。これは陸域部に降った雨などを川棚川へと吐出させ、雨が陸域部にたまらないにようにするものです。そのいくつかには川棚川の水位が高いときに、川棚川から陸域部への逆流を防ぐ扉（逆流防止扉）がついており、吐出先である川棚川の水位が高い場合には、この逆流防止扉を閉じることになります。もちろん、これを閉鎖すれば川棚川から陸域部への逆流は防げますが、陸域部に降った雨水もまた川棚川へと流出できなくなってしまいます。

他方で、平成二年の洪水時にはこの逆流防止弁が閉じていなかったために川棚川から逆流が発生し、内水氾濫に至ったのではないかとの指摘もあります。このような事情から、この排水路では川棚川の水位が高くなった場合には陸域部の排水機能を果たすことは困難なのです。このような場合には、豪雨時には強制的に陸域部にたまってくる雨水を排出する排水ポンプが必要となります。しかし、川棚町ではこのような排水ポンプは設置されていません。もしこの排水ポンプが設置されていたならば、平成二年の洪水は防げたかもしれませんし、少なくとも、ポンプ設置で防げる洪水があることは間違いありません。その費用も手間も時間も、石木ダム建設とは比較にならないほど小さいものです。

川棚川流域の皆さんの生命・財産を守るのであれば、本来は、川棚川流域の水害の原因をしっかりと調査し、その調査結果に基づいて適切な治水計画を策定すべきです。しかし、長崎県はこれを怠った上で治水のために効果があるかすら不明な石木ダムを建設しようとしているのであって、石木ダムが建設されれば、今後川棚川流域で水害が発生しなくなる根拠はないのです。

ダムによらなくても治水はできる

既に述べたように、これまでに発生した水害時と同様の川棚川の流量であれば、計画通りの河道整備のみでも洪水被害は防ぐことができることが確認されています。このため、治水をするとしても既に計画がなされている河道整備さえしっかりと行えば現実的な治水対策としては十分なのです。

また、仮に長崎県の主張する「基本高水流量」（現実にはほぼ発生しませんが）に達するような、数百年に一度発生するかもしれない豪雨に備えて今後さらに一定の治水対策が必要だとしても、既に計画された河道整備がなされることを前提にするならば、後で述べるように石木ダムは不要です。

ところで、長崎県は、石木ダムの代替案として、二〇一二年四月に河道掘削案、遊水池案などを検討し、その結果石木ダム案が最も経済的合理性があると結論付けました。それによると、石木ダムの代替案はいずれも一三七～一八二億円の費用が必要である一方で、石木ダム残事業費のうち治水割合部分（四七％）の費用は七一億円であり、経済的に有利だというのです。

しかし、この代替案はいずれも、先述の河道整備がなされないことを前提とした費用計算となっています。既に、河道の整備により川棚川は一定の流下能力を確保できることははっきりと決まっているのですから、これを前提としてさらに必要な代替案を行う場合にどの程度の費用が必要かを算出すべきなのです。私たちが検討したところでは、計画河道を整備することで（厳密には距離標〇・七㎞地点近辺は計画堤防高を＋四㎝にする必要があります）、川棚川の流下能力は長崎県の考える「基本高水流量」となった場合でも河川の流下能力としては十分なのです。

これまでに行われてきた河道の整備を継続又は多少拡大することにより、石木ダムがなくとも長崎県が過大に設定した机上の最大流量でさえも安全に流下させられるのです。長崎県は、このような現実的な代替案の検討は行わずに、現に行ってきている河道の整備がなされないことを前提として代替案の検討をしたのです。

さらに、ダム以外の治水対策案には、いずれもダム中止にともなって発生する費用として「五九億円が発生する」と記載されています。ダム建設を中止したとしても、それ自体で新たに五九億円もの費用が発生することはありません。長崎県の説明によれば、この五九億円の費用の内訳は、①付け替え道路完成にかかる費用八億六七〇〇万円、②既買収地の維持管理費用二〇億円、③仮設水道維持管理費用九五〇〇万円、④過年度事業費に対する利水負担費用四七億六〇〇〇万円となっています。しかし、①付け替え道路は、ダムを作らなければ不要なことは明白です。②買収した土地の維持管理に現実にこのような費用が必要になるとは限りませんし、③仮設水道の管理のための費用についても、単に水道設備に必要な費用であり、代替案どおりに整備をするために必要な費用ではありません。さらに、長崎県は④利水負担費用は佐世保市に負担してもらった費用を県が支払うことが検討されることから計上したとの説明をしていますが、具体的に佐世保市へ支出を約束しているものでも、今後約束をするものではないと説明しています。

つまり、五九億円は実際に消費される見込みが高い費用ではなく、計算上上乗せすることが形式的に可能なものを積み上げた数字に過ぎません。他方、実際には不要になった収得済みの土地は払い下げを含めた有効活用で収入源になりますが、それは考慮していません。ここでもまた、長崎県は「机上の数字の積み上げ」という手法を取っているのです。

　このように、代替案の検討ですら「机上の数字の積み上げ」を行い、石木ダム建設の必要性があるかのようなシナリオをねつ造しています。真摯にダム建設の必要性の有無を検討するのであれば、ダム計画ありきの議論は不適切です。現に行われている河道整備に加えて、どのような治水対策が必要かを、ダム建設と各代替案とを公平な視点で比較検討すべきです。

3　結論

　これまで述べたとおり、長崎県の主張する石木ダムの治水目的は、単に机上で数字を積み上げて無理に作出された架空の目的です。実際には、①過去の水害程度の降雨であれば石木ダムがなくても回避でき、②設定した治水安全度では上流域で洪水被害を招いた上、下流ではダムの治水効果は発揮できず、③実績を無視して机上の空論で作出した極端な基本高水流量を設定し、④自ら計画した河道整備がかなりなされていることを無視し、⑤ダム建設以外の治水代替案を過度に困難なものとみなしています。これらの不都合な事実を全て無視して初めて、石木ダムの治水目的は「見た目上の合理性」を確保しうるものだったのです。

　このように無理をして作出した治水目的のために、石木ダムを建設する必要性がないことは明らかです。地権者の皆さんからすれば、このような机上の空論の積み上げによる架空の建設目的のために立ち退きを迫られているのですから、とても納得などできるはずはありません。また、長崎県より十分な説明がない以上、反対するのも当然です。

第2節　川棚町民も石木ダムを望んでいない

川棚町議会議員　久保田和恵

今、川棚町では、町政の最重要課題の一つとして石木ダム建設事業が取り組まれています。石木ダム建設計画が予定されている石木川は、川棚川に流れ込む日頃は水量の少ない穏やかな川です。九州のモンブランと言われる虚空蔵山を仰ぎながら、春は菜の花、桃の花、雪柳が咲き誇り、棚田にはレンゲ草、夏にはホタルが飛びかい、清流には子どもたちの歓声が聞こえる自然豊かな地域で、いまどきこんな風景が見られる所はないだろうと思います。

この土地に、三〇年以上も前からダム建設に反対されている方たちが住んでいます。しかし、一般的な川棚町民は殆どの方がそれを深刻な問題としてこれまで考えてこなかったことは否めません。それは、川棚町民の多くが、この石木ダム計画は佐世保市針尾の企業誘致のためのダムであり、自分たちとはあまり関係がないと考えているからです。そう、実は多くの町民はこの石木ダムがなければ本当に川棚川下流域の洪水が起こる、とは考えていないのです。

確かに川棚町行政は、昭和二三年の洪水や平成二年の洪水を持ち出し、「石木ダムは、川棚川の下流に住む住民の安全安心の暮らしに必要」と言っています。

昭和二三年の洪水は、私が三歳のときでした。床下まで浸水した泥水で、私の大事な赤い鼻緒の下駄がぷかぷかと、床から出たり入ったりして、泣いたのを覚えています。また、川棚川の一番下流の川棚橋が流されて、板でできた仮橋をこわごわ渡り、板の隙間から川の水面が見えて怖かったのも覚えています。

平成二年七月に起きた洪水は、私が国立川棚病院に勤務していたときで、病院が水に浸かり、長靴も役に立たず、職場の床がなかなか乾かずにカビが生えたのを記憶しています。

その間にも、諫早大水害で船に乗って数石の海岸に流されてきた人を、地元の人が助け出すなど洪水の怖い思いをした経験は何度かありました。しかし、その後河川工事も進み怖いと思う洪水はなくなりました。

今、県が、住民の人権を無視してまで強引に石木ダムを建設しようとしていますが、とんでもないことです。これまでもここに住む方たちはダム計画に翻弄され、兄弟、親戚、隣近所の付き合いを壊されてしまい、つらい思いをされていますし、その結果、木場浮立という文化も一時なくなってしまいました。住民を守るべき県により、コミュニティーが壊されてしまったのです。

県も町も、「八割の方が苦渋の選択をしてこの地を離れたのだから、今残っている住民も協力すべきだ」と言っていますが、本末転倒で、残った方に何の責任もありません。

しかも出て行った方がみんな幸せだったかと言うとそうではありません。私が訪ねた高齢の女性の方は、プライバシーを守るように設計された町営住宅で知らない方たちの中に一人ぽっちで住み、近所との交流もあまりなく最期を迎えられました。移転しなければ、近所に支えられ、コンクリートの中ではなく土や自然を相手に、最期まで心豊かに暮らせたでしょう。本当にさびしい最期でした。

市町村行政は、国や県の政策によって苦しめられる住民の防波堤にならなければならないはずなのに、川棚町行政は「ダム事業は地域の経済効果にもつながる」など、嘘とごまかしで住民を誘導しています。行政だけでなく、議会も同じ考えなので手に負えません。推進派の中には、川棚川の洪水被害には関係のない地域に住んでいる方もいらっしゃいますが、何か特別の理由があるのだろうかと、不思議です

無駄なダムを造るより、堤防を嵩上げして、桜の木やつつじなどを植樹してウォーキングコースにすれば、町民の健康と癒しの場にもなるのではないでしょうか。何より、反対する方たちの財産を奪い、歴史をダムの底に沈めてしまっては、町民として私は安んじられません。私だけではありません。多くの町民の方が「ダムは必要ない」「自然を壊さないで」と、訴えています。「洪水を心配して石木ダム建設を望んでいる」と町が説明する下流域に住む住民でさえも、「石木ダムの上流に予想以上の雨が降り、ダムから水が放流されればかえって家は危険にさらされる」と心配しています。住民と町の思惑は、大きく乖離しているのです。

東日本大震災に際して生じた東京電力福島第一原発の事故により、いまだに二二万九千人の方が避難生活を強いられており、故郷に帰りたくても帰られないというのに、県は、故郷に住みたい人を追い出そうとしています。矛盾を感じずにはいられません。

私は、大きな戦争をくぐりぬけて生業をなし、素晴らしいふるさとを守り続けてこられた地権者の方々が元気なうちに、できるだけ早くダム建設計画を白紙撤回させたいと思っています。

第4章　民主主義から見た石木ダム事業の違法性

第1節　石木ダム事業は民主主義に真っ向から反している！

石木ダム対策弁護団　弁護士　魚住昭三

1　はじめに

二〇一五年三月二三日、長崎地方裁判所佐世保支部において、長崎県に客観的に合理的な説明を求めて工事予定地進入口に集まっていた地権者等一六人に対し、長崎県による石木ダム建設のための県道付け替え工事の工事予定地への通行を妨害してはならないとの仮処分決定がなされました。

この石木ダム建設計画が持ち上がったのは一九六二年とされていますが、それから五〇余年、種々の理由から事業は完成せず、水没予定地にいまだに一三世帯六〇余人が生活をしています。それにもかかわらず、二〇〇九年、長崎県は、これら地権者の意思と生活権を無視し、客観的に合理的な説明を求めてダム建設に反対を続ける地元住民である地権者の土地等を強制収用するため、国に対して土地収用法に基づく事業認定申請を行い、二〇一三年九月六日付けで事業認定がなされました。そして、二〇一五年三月二三日、地権者等一六人に対し、今回の仮処分決定がなされたのです。

私たちは、石木ダム建設事業は、日本国憲法の定める民主主義の原理に真っ向から反していると考えます。そこで、本項ではこの民主主義の観点から石木ダム建設問題について考えてみます。

2　民主主義とは絶対多数決民主主義ではなく立憲民主主義

日本国憲法は、権力の濫用を抑制し、個人の尊厳を権力の横暴から守ることを目的として、主権が国民に存することを宣言し、この憲法が民主主義の原理に基づくものであることを確認しています。すなわち、日本国憲法がとる民主主義は、多数決で決定することに無限定の価値を認める絶対多数決民主主義ではなく、多数決でも奪うことが出来ない個人の権利（基本的人権）があることを認め、政治の決定過程においては、判断の前提として十分な資料と客観的に合理的な理由に基づき、議論を尽くさなければならないという立憲民主主義なのです。

この立憲民主主義の観点からすれば、憲法二九条一項における財産権の保障に関しても、法律によれば自由に決定できるものではなく（同条二項）、私有財産を公共のために用ひる場合（同条三項）にも、すなわち私有財産を強制収用することを認める強制収用制度の手続きにおいても、判断の前提として十分な資料と客観的に合理的な理由に基づき、議論を尽くさなければならないのです。そして、私有財産を強制収容する場合、そこで問題とすべき人権とは、収用される当該私有財産に止まらず、当該私人の生活から存在までを支えていた生活基盤ないし社会的ネットワークという権利ないし利益をも含むのです。文字通り、「人は、パンのみにて生きるものにあらず」なのです。

例えば、公共事業が必要とされる場合には、不利益を受ける住民には起業者から十分な資料に基づき客観的に合理的な説明を求めることができることが保障されなければなりません。その様な手続きを経ない限り、自分の意に反する不利益を負わされてはならないのです。不利益を受けるべき住民は、起業者から、起業者の主観的に合理的な説明を受ければ足りるとはならないのです。これが、私たちの主張する日本国憲法下においての民主主義の内容です。

既に述べている様に、石木ダム建設事業においては、地権者の意向を無視して事業が進んできました。そして、地権者が十分な資料に基づき客観的に合理的な問題提起をしているにもかかわらず、起業者である長崎県は、議論を尽くさず強制収用をしようとしているのです。この様に、客観的に合理的な必要性も説明せず、強制的に、個人の私有財産、生活の基盤を侵害することは、日本国憲法に違反する行為というしかありません。

以下に、私たちの主張する立憲民主主義の観点から問題となる、前述の長崎県の覚書（協定書）違反行為と、長崎県の〝二枚舌〟とも言うべき矛盾する行為について述べていきたいと思います。

3　覚書（協定）の締結について

一九七二年七月二九日、長崎県知事を乙とし、石木ダム建設予定地である川棚町字川原郷、岩屋郷及び木場郷（地名はいずれも当時、以下、「地元三部落」）の各総代を甲とし、東彼杵郡川棚町長が立会人となり「石木川の河川開発調査に関する覚書」（以下、「本件覚書」）を甲乙間で取り交わしました。

作成経緯

長崎県は、一九六二年、川棚町と地元に無断でダム建設を目的として現地調査と測量を行いましたが、地元住民は直ちに町に抗議し、町もこれを受けて県に抗議し、調査は中止されました。それから約一〇年後の一九七一年一二月、長崎県は地元に石木ダム建設のための予備調査を依頼し、翌一九七二年七月二九日、上記の本件覚書が締結され、ダム建設予定地内十数カ所のボーリング調査、横坑調査、地震探査などが実施されました。

この時、本件覚書の外にも、川棚町長と地元三部落の総代間での覚書も作成されました。その川棚町長と地元三部落の総代間での覚書の第一条には、「石木川の河川調査に関して地元三部落と長崎県知事との間に取り交わされた覚書は、あくまで地元民の理解の上に作業が進められることを基調とするものであるから、若し長崎県が覚書の精神に反し独断専行或いは強制執行等の行為に出た場合は、川棚町竹村寅二郎（現町長）は総力を挙げて反対し作業を阻止する行動を約束する。」とされています。

このような状況から、本件覚書は、地元住民の激しい反対運動の中、長崎県が調査を進めるために、地元住民の調査に対する同意を得る目的で締結されたものということができます。

それ故、本件覚書では、①川原郷、岩屋郷及び木場郷の同意を得て石木ダム建設のための地質調査及び地形測量を実施すること（第一条）、②地質調査の開始時期の事前明示、完了予定時明示（第二条）、③地質調査の公表説明の時期の明示等（第三条）、④「調査の結果、建設の必要が生じたときは、改めて川原郷、岩屋郷、木場郷と協議の上、書面による同意を受けた後着手するものとする。」（第四条）といったように、調査の方法については具体的な定めがされていますが、建設工事着工についてでは保留されているのです。

長崎県は本件覚書締結によって、ようやく、一〇年間も進展が見られなかった石木ダム事業について、ボーリング調査、横坑調査、地震探査などを行うことができました。

本件覚書の効力

起業者であり本件覚書締結の一方当事者である長崎県は、本県覚書に法的拘束力はなくその効力を紳士協定に過ぎないと主張します。すなわち、この覚書に違反する行為があった場合、当事者には政治的な責任はあるとしても、法的には何らの責任は生じないと主張するのです。残念ながら、現在の日本の裁判所も、これに近い考えに立ちます。

しかし、本件覚書の効力を紳士協定に過ぎないとしても、私たちの主張する立憲民主主義の立場に基づき本件覚書の作成経緯から鑑みると、本件覚書につき長崎県は、最大限の尊重をすべきなのです。したがって、長崎県が石木ダム建設のための地質調査及び地形測量等を実施する場合には、川原郷、岩屋郷及び木場郷の全員の地権者の書面による同意を得て初めて行われるべきなのです。

4　長崎県のとるべき行動

長崎県のとる矛盾した行動

ところで、公共事業と地元住民の意向との関係につき、長崎県は、諫早湾干拓事業において、地元諫早市長及び雲仙市長と連名で、事業者たる内閣総理大臣、農林水産大臣及び九州農政局長宛に、「諫早湾干拓事業潮受堤防排水門の開門に向けた事前対策工事着手に対する抗議について」ないし「諫早湾干拓事業潮受堤防排水門の開門に向けた事前対策工事着手の中止について」という表題の文書を、私たちが認識しているだけでも、二〇一三年九月六日から同年一〇月二九日にかけて、立て続けに五回も出しています。

上記文書は、まず国が諫早湾干拓事業の潮受堤防排水門の開門調査に係る事前対策工事という公共事業に着手することを表明した場合（二〇一三年九月六日、同月二六日、同年一〇月二五日）、次に国が諫早湾干拓事業の潮受堤防排水門の開門調査に係る事前対策工事という公共事業に着手をしようとした直後（二〇一三年九月九日、同月二七日、同年一〇月二九日）、国による上記事業への着手の表明および、着手に際して生じた地元住民の抗議行動と混乱につき、本件起業者長崎県が抗議を表明したものです。

すなわち、石木ダム建設問題の場合に不利益を受けるべき川原地区等地元住民の同意を問題とせず公共事業を進めようとする起業者長崎県が、ここでは、「不利益を受けるべき諫早地区の地元住民の同意なく公共事業を進めるな」と起業者である国に対して抗議を何度も表明しているのです。

上記各文書の理由

長崎県が、当該公共事業の事業者たる国に対し抗議を表明した理由は、次の通りです。

①これまで、長崎県・地元が繰り返し開門の問題点や対策の不備等について事業者たる国に対し具体的に指摘し、対応を求めてきたが、地元の理解が得られる対応の見直しは行われておらず、地元の声や実情を真摯に受け止め、対応してもらうことを求めていたこと。

②国は、長崎県・地元から繰り返し指摘してきた開門の問題点や対策の不備等についての対応の見直しを、殆ど行っていないこと。

③国が、開門の意義や万全な事前対策を示せないのであれば、開門方針を白紙の段階から見直すよう強く要請し、地元の理解なくして開門に向けた準備を一方的に進めようとする国の対応に強く抗議しているにもかかわらず、地元の理解を得ていない状況の中で工事に着手しようとする国の対応は、地元の意向を全く無視していること。

④長崎県からの中止の要請にもかかわらず、開門に向けた事前対策工事への着手という国の対応は、二〇〇八年四月一日に九州農政局長と長崎県との間で締結した管理委託協定書に反する行為と考えていること。

このように、長崎県の主張する抗議の基本的な理由は、地元住民への説明義務を尽くした上での当該公共事業への徹底した地元の理解の必要性であり、地元の理解が得られなければ、絶対に事業に着手してはならないということです。長崎県の、当該公共事業への徹底した地元の理解の必要性という徹底した民主主義の考え方は、憲法上の観点からも十分に尊重するに値するものと私たちは考えています。

地元住民との話し合いに応じる必要性

本件覚書の趣旨から考えてみると、長崎県は、本件石木ダム事業においても、地元住民への説明義務を尽くした上での徹底した地元の理解を得ることが必要であるというべきです。したがって、長崎県は、本件事業ないし本件事業に関わる工事を行う場合には、事前に地元住民すなわち地権者ら全員と協議の上、書面による同意を受けることが必要というべきです。

この点、例えば、二〇一三年一〇月二九日に長崎県自身が国へ提出した抗議文には、「現場では約九〇〇名の地元の方々からの強い抗議を受け、工事着手を見送られました。」という記載があります。この様に地元からの強い抗議行動の結果、工事着手を見送らざるを得なかった起業者国は、それにもかかわらず、これらの人々を対象とした妨害禁止を求める仮処分申請をするそぶりさえも見せていません。その理由は、国に対し抗議した人々の意思を尊重し、相互理解を重視しているからに他なりません。

とすれば、例えば、石木ダム建設に必要だとされる付け替え道路着工に対して、その公共事業の理由・必要性の説明を求めて集った地元の人々に対して、長崎県自身もその意を汲み、国の対応すなわち起業者と地元住民との間の相互理解を重視する態度を見習い、仮処分申請等という行為はしてはならないのです。

また、二〇〇九年、起業者たる長崎県から、ダム建設に反対を続ける地権者の土地等を強制収用するため、国に対して土地収用法に基づく事業認定申請がなされ、二〇一三年九月六日付けで事業認定がなされましたが、そのような地元住民の意思を踏みにじって問答無用の解決を求めるような、立憲民主主義に真っ向から反する事業認定申請は、即刻取り下げ、地元住民との話し合いに応じるべきなのです。

ましてや、地元住民との説明会の開催を約束した長崎県が、説明会開催の約束を守らないということは、絶対にあってはいけないことなのです。

5　私たちの考える民主主義による石木ダム建設問題の解決の形

石木ダム建設問題の利害関係者は、地権者たる川原地区住民だけではありません。佐世保市の上水道の確保という利水に関しては佐世保市民全員が、川棚川の洪水被害の防止という治水に関しては川棚町住民全員が、さらには起業者たる長崎県の税金の支出に関しては長崎県民全員が利害関係者です。したがって、民主主義が保障されるためには、石木ダム建設問題に関して、起業者は、少なくとも佐世保市民、川棚町民への客観的に合理的な内容の説明義務も同様に尽くさなければならないのです。

具体的には、起業者である長崎県と佐世保市が、石木ダム建設に疑問を持っている人々の意見発表が保障された形でのタウンミーティングないし事業説明会を、佐世保市、川棚町、川原地区など各地

県知事交渉（2014 年 7 月 11 日）

区で開催し、それぞれの関係住民の方々が納得するまで何度も協議、質疑応答を継続しなくてはなりません。

現在、同事業に賛成する市民団体は、「佐世保市の慢性的な水不足を解消するには石木ダム建設しかありません」等と書かれた公共バスを使ったPRを二〇年以上継続しています。しかし、客観的に合理的な理由を一切記載せず、ただ石木ダム建設推進のムードだけを佐世保市民に与えようとする行為は、既に述べた民主主義の保障という観点からは、佐世保市民を愚弄する以外の何ものでもなく、とても認められるものではないのです。本年五月からは、同事業に再考を求める市民団体が、「ダムは本当に必要か皆で考えましょう」等と書かれた公共バスを走らせ始めました。これが、私たちの主張する民主主義への第一歩なのです。

石木ダム建設問題が民主主義により解決されるとき

「二〇××年×月×日、佐世保市で二〇〇〇名を超える川原地区住民、川棚町住民、佐世保市民等が集まって、石木ダム建設事業反対の集会が開かれ、その場で佐世保市長、川棚町長らの祝辞が述べられました。」この様な記事が新聞に載り、テレビニュースで流れたとき、石木ダム建設事業は永久に止まることになります。

私たちの主張する民主主義の力で。

第2節　踏みにじられた地権者の訴え

石木ダム建設絶対反対同盟　石丸勇

「私たちはここに住み続けたいだけなんです」

こんな素朴な訴えが通らない。日本国憲法でその権利はちゃんと保障されているはずなのに。立派な日本国憲法を持ってはいても、憲法を自分たちの都合に任せて解釈し行政を動かす族（やから）に、私たちは翻弄され続けてきました。

一九七二年、石木ダム建設のための予備調査を受け入れた時の「石木川の河川開発調査に関する覚書」には、はっきりと「地元の了解なしにはダムは造らない」ことが記されています。また川棚町長との覚書には、「……若し長崎県が覚書の精神に反し独断専行或は強制執行等の行為に出た場合は、川棚町長は総力をあげて反対し作業を阻止する行動をとることを約束する。」とあります。この覚書は、一九八二年の強制測量調査時に私たちの訴えも虚しく、ただの紙切れとして踏みにじられたのです。その時、権力は住民との約束など簡単に反古にするものだと思い知らされました。

　ダム建設に適地との結果が出ると、さっそく県職員、町職員による戸別訪問が昼夜を問わず執拗に行われました。更に人間の欲をくすぐりながら酒食のもてなしが公然と公費で行われました。県職員、町職員が税金で飲んだり食ったりしていたわけです。それも常識を外れた接待が行われていたのです。

　この時期、川棚町の飲み屋とタクシー業はちょっとした掻き入れ時だったようです。私たち反対派には、この恩恵（?）はなかったのですが。この金はダム予算でしょうが、飲み食いに湯水のごとく使える、使っていいという感覚はどこから来るのでしょうか。聞くところによると、行政の他の分野では接待費を含め食料費の予算確保はかなり厳しいようです。ダム事業での半端じゃない食料費・タクシー借上料は、県庁行政の中でも特別枠待遇のようですね。

　特に交際費と称して目的を問わず何にでも使える予算を組んだり、一般会計予算ではまずいので別に基金を設置し、そこに資金をプールしてその財源を

準備のための会合（高田知事出席、川原公民館）1982 年 5 月 14 日

反対運動の封じ込めのために使ったりするなど常識だそうです。現に石木ダムでは、議会や住民の目から離れたところで自由に使える活動資金として長崎県が五億円、佐世保市が五億円、川棚町が六〇〇〇万円拠出して設立した石木ダム地域振興対策基金は、工作資金の隠れ蓑として住民の切り崩しに効力を発揮したといいます。これは、監査等で問題にならないしくみがあるからです。知事の息がかかった内部監査人ではどうにもならない。外部監査でも公募により慎重に選出されるべきです。

長いものには巻かれろ型の「またぞろ議員」では議会にも期待できません。少数意見も尊重する高度な民主主義社会を目指さなければ、いつまでたっても野蛮な日本社会のままで、公共事業で苦しめられる住民が増え続けます。

石木ダム事業も民主党政権下で検証の対象となりましたが、その検証の過程は県主体で検証が進められ、「予断を持たない検証」とは名ばかりで「石木ダムありき」の進め方でした。長崎県公共事業評価監視委員会からの意見聴取では、石木ダム事業に疑問を呈する委員もいて、起業者側がヒヤッとする場面もありましたが、知事の息がかかった委員長が「事業継続」へ導きました。この委員会も身内評価を免れませんでした。

結局、二〇一一年七月二七日、県は検討結果を国土交通省へ「事業継続」と報告し、舞台は国の段階へと進みます。国の今後の治水対策のあり方に関する有識者会議で、石木ダム事業もその方向性が審議されることになりました。二〇一二年四月二六日、「第二二回今後の治水対策のあり方に関する有識者会議」が開催され、「地域の方々の理解を得られるように努力することを希望します」との意見を付けて了承されました。地元から三名が上京し水源開発問題全国連絡会の支援者と共に傍聴を求めましたが、約一五〇名の国土交通省職員から封鎖され傍聴さえ叶いませんでした。

二〇一二年六月一一日、国土交通省が、石木ダムについて「補助金交付を継続とする対応方針」を決定しました。あわせて長崎県に対し「石木ダムに関しては、事業に関して様々な意見があることに鑑み、地域の方々の理解が得られるよう努力することを希望する」旨の付帯意見を付けて通知したのです。異例ともいえる付帯意見が付けられたことは前進でした。

石木ダム事業で行き詰った金子元長崎県知事は、知事を辞職する寸前の二〇〇九年一一月九日、国土交通省九州地方整備局に事業認定申請書を提出していました。これは「コンクリートから人へ」と政策転換を行おうとしている民主党新政権へ挑戦状を突きつけたものでした。事業認定申請審査の流れの中で、二〇一三年三月二二日と二三日に九州地方整備局が公聴会を川棚町公会堂で開催しました。私たちは結果が大きく揺らぐことはないと知りながらも、最大限の努力をして対応しました。結局手続きの一環として開催されたまでのことで、ゴールでの結果は変わりませんでした。

二〇一三年九月六日、国土交通省九州地方整備局は、土地収用法に基づく事業認定を告示しました。このようにダム事業の再検証と事業認定までの過程を見るだけでも、住民・地権者の訴えが取り上げられることはなかったのです。官僚社会の中で起業者の思い通りに事業を進める仕組みが作り上げられているからです。結果は初めに「石木ダムありき」なのですから、私たちがどんなに有利な論戦を繰り広げようが勝てるはずがないのです。それが分かっていても、私たちはこの過程に付き合うしかなかったのです。

でも、少しの希望もなかったわけではありません。私たちの思いを訴える中で一般の傍聴者をはじめその場に参集された方々に、どちらの言い分が正当なのか判断していただく機会を与えることになったと思うからです。その結果、「身内の身内による身内のための推進劇」が観客からも飽きられている事実が浮き彫りになりました。

私たちは、騙されても踏みにじられても、それが分かっていても起業者（行政）と付き合っていかなければならない仕組みにやるせなさを感じないわけではありません。それでもへこたれないのは、たぶん退けられても何度でも繰り返し自分たちの主張を言い続けていかなければ世の中は変わらないし変えられないと、世の中を変えてきた先人がいつも私たちを元気づけてくれるからです。

第５章　税金はもっと有効に活用してほしい

佐世保市議会議員　山下千秋

石木ダム建設事業費と関連事業費の総予定額は、現時点でも五三八億円にのぼります。そのうち、長崎県の負担分は、ダム本体工事費二八五億円の六五％にあたる約一八五億円（国からの補助金を除いた実質負担額は約九三億円）となります。他方佐世保市負担分は、ダム本体工事費は三五％の約一〇〇億円（国からの補助金を除いた実質負担額は約六七億円）ですが、実はそれ以外に導水管などの関連付帯工事費約二五三億円（国からの補助金を除いた実質負担額は約二三一億円）が必要であり、合計すると実質負担額は三〇〇億円程度となります。

給料は上がらない。年金は毎年削減され続けている。その一方、消費税は増税され、国保税・介護保険料も引き上げられ、県民の暮らし向きはいよいよ深刻になってきています。

こうした経済情勢の中で、県民の間では医療、介護、年金、教育、子育てなど、暮らしよくしたいという切実な要求が渦巻いています。そしてこれらの要求実現のために、どれだけ多数の団体や県民の方々が、粘り強く運動を続けていることでしょう。

しかし、そういう県民の切実な要求に対する県当局、市当局の態度は、決まって「財政が苦しい。応える財源がない」という冷たい態度です。不要不急どころか、まったくの税金の無駄づかいになる石木ダム建設事業に対しては、長崎県は一八五億円、佐世保市は三五三億円もの巨額な税金を投入しようというのです。どんなに不条理な話でしょうか。

石木ダム建設を白紙撤回しさえすれば、長崎県は一八五億円もの県民要求にこたえられる財源を直ちに得ることができます。これだけの財源があれば以下のようなことができるのです。

たとえば、子どもたちの医療費助成は、今は小学校就学前までがほとんどですが、①県内すべての小中学生に対し、中学校卒業まで拡充するのに年間五億円あれば可能になります。②高すぎて悲鳴のあがっている国保税を県内すべての国保世帯に対し、一世帯一万円軽減するとしても二四億円で可能です。③行き届いた教育のために県内小中学校において全学年実施するのに一六億円でできます。一八五億円もあれば、①②③すべての事業を同時に実施しても、四年間は継続できます。

加えて、佐世保市負担の三五三億円を佐世保市自治体単独で佐世保市民に対してこのような暮らし応援に振り向けたら、どれほど多くの人が助かり、喜ばれることでしょう。

重大なことは、財政危機論を振りかざしてこれからの要求を抑え込むということにとどまりません。すでに長年の市民の運動によって獲得された福祉制度などをも掘り崩そうとしています。二〇一四年一一月に中長期の財政計画を打ち出しましたが、そこにはあけすけに「『市民に痛みを強いる改革のメス』を入れなくては財政危機を深刻なものにする」などと述べられています。その額年間約二〇億円に及ぶ歳出（市民サービスの切り捨て）、歳入（使用料など受益者負担の増大）の圧縮をはかろうというのです。七年間で一四〇億円もの痛みです。例えば、今まで無料だった「公の施設」の施設利用料の導入、はては敬老祝い金の廃止など、市民に負担転嫁できるものは全て制度改悪に踏み切る検討をはじめています。

石木ダム建設事業とは、川原地区住民の人権蹂躙という絶対に許せない暴挙というだけではなく、佐世保市民、長崎県民にとっても、本来享受できる福祉・教育医療など、暮らし向上の条件と可能性を妨害するものでもあります。何としても反対地権者のみならず長崎県民、佐世保市民みんなで力を合わせてくいとめなくてはならない闘争課題なのです。

追記　追い詰められている起業者長崎県・佐世保市

石木住民の憲法に保障された基本的人権は、だれであっても尊重されなくてはなりません。住み続けたいという確固とした石木住民は、起業者を完全に追い詰めています。起業者らは、過去の全国的な事例から、地権者は①事業認定申請すれば、②事業認定告示になれば、③裁決申請すれば、折れるだろうとみていました。

「告示になったら（二〇一三年九月六日）、折れるだろうとみていた。石木の人たちはそうならなかった。完全に想定外で、今は途方に暮れている。それは自分（水道局長）だけではない。県もいっしょだ。さりとて行政から手をおろせない。市議会や県議会にも期待持てない。一番いいのは天の声（国がやめよ）があればいいのだが……」と前佐世保市水道局長は述懐し、二〇一三年一二月に辞職しました。長崎県はその後も裁決申請、現在県収用委員会が行われています。

しかし、強制収用、代執行などに突き進む覚悟をもっているわけではありません。まさに起業者は「計画の白紙撤回も言い出せない。さりとて、住民の確固とした態度を見せつけられて強制収用もできない」これが起業者の現状です。結局県民市民の世論でもって白紙撤回に追い込む以外にありません。

III

今後の展望

第1章　石木ダム問題は国民に何を突きつけるのか

石木ダム対策弁護団　弁護士　板井優

1　大型公共事業は誰のためにやるのか

大型公共事業を現実に行うのは、いわゆるゼネコンです。ゼネコンとは、英語で言えば、General Contractorであり、元請業者として各種の土木・建築工事を発注者から直接に請負い、工事全体のとりまとめを行う業者を指します。日本語で言えば、総合建設業という訳にあたります。そして、事業をするかどうかを決めるのは、形の上では発注者です。その公共事業によって不利益を受ける者がいて、反対しているときは、土地収用法によって地権者の権利を奪い公共事業を強行出来るようにしています。ただし土地収用法では、発注者と言わず「起業者」という言葉を使っています。

果たして、このような強権的なやり方が本当に正しいのでしょうか。わが国の公共事業の起業者はほとんどが行政です。わが国で昭和三〇年代に大きな社会問題となった下筌《しもうけ》・松原ダム（筑後川の上流）建設問題では、地権者の室原知幸《むろはらともゆき》さんは「公共事業は『理と情と法』にかなうものでなくてはならない」と常々語っていました。行政が、土地収用法だけを持ち出して、「公益性」があるから公共事業を強行するというやり方はあまりに形式的なのです。

だから、公共事業問題を検討するには、権利を奪われる住民たちにとってその公共事業が本当に必要なのかどうかを、法だけでなく、理と情にかなうようにすることも必要にして不可欠なのです。

このブックレットも、そうした作業の一つなのです。この作業の中で、「はじめにダムありき」を前提にした、現実には存在しない一〇〇年に一回の大雨を持ち出す長崎県のやり口、あるいは過大に上水道の需要を作り出す佐世保市のやり口が明らかとなりました。あくまでもダムを建設するために、現実離れした計画を持ち出すという、まさに行政のし放題です。

熊本県では、球磨川の最大支流である川辺川にダムを建設する問題について、住民はこれを要らないと判断し、熊本県は住民の判断を尊重しました。これは、公共事業の必要性について住民が判断することが当たり前であることを示したものです。

今、石木ダム建設問題について、長崎県は、これまでの河川改修で戦後起こった洪水を防げることを認めていますし、佐世保市の上水道用水は今でも十分であり、佐世保市民から石木ダムが無くても良いとの極めて強い合理的な疑問が出されています。また、水没予定地の自然環境を守れという声も強く出されているのです。

しかし、起業者である長崎県と佐世保市は、あくまでも石木ダムを建設しようとして土地収用法にしがみついています。これは悪あがきではないでしょうか。

こうした状況にあって、主権者である国民が、自らの判断を明らかにし、法を形式的に強行しようとする行政の横暴を止めることが必要です。これは主権者である国民・長崎県民がしなければならないことです。

ところで、佐世保市が、ダムを造って上水道を確保しようとするには、水道代の値上げは避けて通れません。長崎県が、県民に必要のない治水ダムを造ることは、県予算（税金）の無駄遣いです。まさに、公共料金の設定、税金の使い道は、主権者たる国民の出番ではないでしょうか。

わが国では、大型公共事業を推進するのは「政・官・財」であると言われて来ました。そして、石木ダム建設を推進しているのは、住民たちではなく、まさに一握りの「政・官・財」の勢力なのです。大型公共事業は、その事業の利益を受ける住民のためにやるものであり、一握りの「政・官・財」のためにやるものではありません。やるのかやらないかも含め、さらにどのようにしてやるかはまさに住民自らが決めていくものです。これを、この国のルールにすることが、今、私たち国民に問われているのです。

「人民の、人民による、人民のための政治」というリンカーンの有名な言葉があります。民主主義の精神をわかりやすく表現した言葉です。人民を住民という言葉に替えればその意味は一層明らかなのです。「住民の、住民よる、住民のための政治」です。主人公は人民であり、住民なのです。

2　石木ダム紛争はなぜ長引いているのか

長崎県で石木ダム建設計画が最初に出たのは、今から五〇年以上前の一九六二年です。この年、長崎県は、住民や町に何の事前連絡もなく、いきなり測量調査が始めようとしました。当然、住民が抗議し、最終的にはこれを受けた町長が県に抗議して中止となりました。

しかし、その一〇年後に予備調査が、住民を騙す形で行われました。この時に、川棚町長は「河川開発調査はあくまでも予備調査であり、建設が前提ではない」と言明しました。

こうした状況の中で、ダムを造ろうとする動きに対して、一九七五年一〇月一日に、川原・岩屋・木場地区が一緒になって石木ダム建設絶対反対同盟が結成されます。その同盟は一度切り崩しにあいますが、後に建て直され、さらに石木ダム反対対策協議会も出来て反撃に転じます。

これに対し長崎県は、一九八二年四月九日に土地収用法第一一条による強制立ち入り調査を行いますが、反対同盟の阻止行動でその日の測量は中止となり、その後、歴史に残る壮大な闘いが展開されます。

それから、二〇一三年に石木ダム建設計画の事業認定が告示されるまで、大きな動きはありませんでした（『小さなダムの大きな闘い』花伝社、三六頁以下を参照して下さい）。

こうした歴史を見るときに、起業者はなぜあくまでもダムを造ることに固執しているのか、という疑問を禁じ得ないのは私だけでしょうか。

かつて、「大型公共事業を談合で引き受けたゼネコンが、国の出先機関の責任者に銀行から融資を受けられる公印を押して貰い、現実に融資を受けているので、いつまでも大型公共事業を推進せざるを得ない」という報道が週刊誌でなされていました。真偽のほどは別にして、起業者・ゼネコンがいつまでも大型公共事業に固執する理由を推測する分析の一つなのでしょう。いずれにせよ、ここでは住民不在の議論がまかり通っています。

3　なぜ住民不在なのか

石木ダム建設を推進する起業者は、長崎県・佐世保市です。ダムを造ろうとするものは、そのダム建設計画が土地収用法の要件である公益性を持つ事業だということで、国土交通省（九州地方整備局）の事業認定を受ける必要があります。この事業認定を受けた上で、地権者があくまでも反対するのであれば、土地収用法に基づいて地権者の権利を強制収用する事になります。この手続きが、現在、起業者によって行われています。

しかし、起業者らは、ダム湖に水没することになる地権者に十分納得のいく説明を行う必要があります。ところが、起業者である長崎県と佐世保市は、「法律の要件を満たしているので、問答無用」という考えに立っているとしか考えられない行動に終始しているのではないでしょうか。

そもそも誰のためにダム建設を行うのか、地権者もまた同じ長崎県民です。法律のみを楯にダム建設に狂奔するのは行政がすべきことではないと思います。これでは、長崎県や佐世保市が地権者や住民のためではなく、ダム推進をして利益を受ける者（ゼネコン）のために、最初にダムありきで行動しているとしかいえないのではないでしょうか。

全ての公共事業は本来的に住民のために行うものです。しかし、住民との対話を重視しない行政のあり方では、住民不在のまま手続きを進めているとしか思えません。大型公共事業の是非は、まさに住民を主人公にして判断されるべきものであり、石木ダム建設における行政のあり方は間違っていると思います。

4　川辺川ダム建設問題が教えるもの

事件の概要

熊本県球磨郡にある九州山地を水源として八代市を経て不知火（八代）海に注ぐ球磨川。その最大の支流である川辺川にダムを建設しようという話が持ち上がったのは、一九六六年です。建設省（現国土交通省）が、六三年、六四年、六五年と続いた洪水を防ごうということで、国会で治水専用のダム建設計画を明らかにしました。球磨郡五木村は、村役場のある頭地《とうじ》地区が水没するということの計画に反対しました。すると、当時の熊本県は、下流にある七市町村の三五一〇haの農地にダムの水を配るという利水事業をぶち上げ、当時の建設省は、治水目的の外に利水目的なども追加した特定多目的ダム建設計画を作りました。まさに、五木村包囲網でした。

一九七〇年に水田減反政策が公表されると、今度は畑灌漑《かんがい》へと方向を転換し、あくまでもダム建設計画を推進しようとします。地権者たちは、裁判を提起しますが、一九七五年三月、熊本地裁は氷のように冷たい判決で地権者たちを敗訴させます。こうして一九八三年、福岡高裁での和解により、ダム建設は既定方針となりました。一九八四年、国営利水事業の当初計画が立てられ、ダム建設に向けて事態は進んでいきます。この時に、地域のボスたちと行政との間で、水面下で、現実に利水事業をする際には、利水事業計画から除外されるという秘密文書が交わされます。まさに「始めにダムありき」であったのです。

転機が始まったのは、一九九三年でした。人吉市の市民たちがダム反対の狼煙《のろし》を上げたのです。水害の原因は、球磨川の上流に造られていた市房ダムの緊急放流が原因だったというのです。確かに球磨川は、それまで水害に襲われていましたが、ダムが出来る前には水は徐々に増えてきたので、人吉市の商店街では商品を二階に運び上げ被害を軽減してきました。しかし、大雨により満杯となった市房ダムは自らを守るために緊急放流を行います。その結果、短時間に大量の水が人吉市に襲いかかり、人々は避難すら出来ないのです。こうして人吉では、ダムが出来ないのであれば水害を受け入れて良いという世論すら生まれたのです。

さらに、ダム下流域の農家の間でも、ダムの水は本当にタダなのかという疑問が巻き起こりました。一九九三年、農水省は、対象面積を三〇一〇haに縮小する国営利水事業の変更計画を作り始めました。そして、対象農家に対して水代はタダだから同意しろと迫ったのです。

一九九四年、農水省は同意しない農民たちを強引に押さえ込み、対象農家約四〇〇〇人中九割に近い農家が同意したとしてダム利水事業を推進しようとします。これに対し、一一一四人の農家が異議申立を行います。国（農水省）のダム利水計画に刃向かう、まさに「平成の百姓一揆」が起こったのです。

農水省は、都合三回の口頭審理を開き約二八〇人の農家の意見を聞いただけで、一九九六年三月異議申立を却下・棄却しました。この年八月のダム審議会でのダム建設答申に間に合わせるためでした。

しかし、八六六人の農民は、一九九六年六月、熊本地裁に却下・棄却決定の取り消しを求めて裁判を提起し、その後、補助参加する農家も加えて約二一〇〇人の農家が裁判に立ち上がりました。いったんは熊本地裁で農家が敗訴しますが、それでも農民たちは上京して、農水省で構造改善（現農村振興）局長と交渉し、「水代がタダだと言われて騙された」と訴えました。これに対し局長は、「騙されるやつが悪いのだ」との趣旨の発言をします。これに怒った約九割の農家が直ちに控訴をしました。控訴審で農民たちは、全国の市民の協力の下、残り約二〇〇〇人の農家の意向を調査し、その調査結果を裁判所に提出しました。まさに、全ての農家の意向を尊重した作業を農民たち自身が先頭に立って行ったのです。

二〇〇三年五月一六日、福岡高等裁判所は、国営利水事業では三分の二以上の農家の同意はないとの逆転勝訴判決を出します。農水省は判決に上告できず、判決は確定。しかし、国土交通省は、土地収用法により強制収用裁決申請を行ってダム建設を推進し、仮排水路の完成を含む約七割の工事を完成させ、残りはダム本体工事だけというところまで行きました。

こうした時に、裁判に負けた農水省は、熊本県をコーディネーターとする新利水事業を立ち上げるための事前協議（利水原告団・弁護団も参加）を発足させますが、ダム利水に同意しない原告団の前に、協議は進展しません。さらに、流域住民のほとんどはダム建設ではなく、河川改修でよいとする意見を国交省の主催する意見交換会で表明します。この意見交換会には、市民の方々が参加し、自らは発言はせずに、住民たちの発言のみを記録したのです。まさに、市民による行政の監視でした。

こうした中、熊本県収用委員会は二〇〇五年八月二九日、国交省に対し、新利水事業が出来ないのであれば、強制収用裁決申請の取り下げを求め、応じないのであれば申請自体を却下するとの態度を表明しました。こうして同年九月一五日、国交省は強制収用裁決申請を取り下げます。歴史上、初めてのことでした。

その後、農水省はダム利水から撤退し、国交省は治水専用のダム作りを目指します。しかし、二〇〇八年九月一一日、蒲島郁夫熊本県知事は、地元の相良村長、人吉市長に引き続いて「球磨川は守るべき宝」として川辺川ダム反対を県議会の冒頭で表明しました。これを受けて、国交省・熊本県・関係市町村は「ダムによらない治水を検討する場」を発足させます。そして、二〇〇九年九月一七日、国交相は川辺川ダム中止を明言しました。

川辺川の教訓

以上のことからも明らかなように、ダム建設事業を中止させたのは、市民たちの支援の下での住民たちの判断と行動であり、これを関係市町村長、熊本県知事、国土交通大臣が認めて、同じように判断したのです。まさに、住民たちが大型公共事業の是非を決定したのです。住民たちが、あきらめずに要求を掴んで離さず、多くの関係者に粘り強く働きかけて、自らを多数派として育て上げて勝利を自らのものとしたのです。

要求を掴んで離さず、あきらめずに闘うこと、行政も含め全ての関係者を味方にしていくこと、その根底にあるのは、大型公共事業をどうするかは主人公である住民自らが決定するということです。

5　国民は石木ダム問題をどう考えるべきか

川辺川で起こったことからすると、石木ダム問題では、まさに住民が主人公として扱われることが必要にして不可欠です。日本国憲法は、天皇を主権者とする大日本国憲法と異なり、主権者を国民としています。日本国憲法の最大の目標は、戦争の惨禍を繰り返さないことにあります。そして、そのために主権者である国民が個人として最大限に尊重されることを規定しているのです。要するに、自分たちのことを自分たちが決める、それをルールにするのが、日本国憲法の精神を実現することです。憲法を使い勝手のいいものにしていくこと。憲法を使い慣れること。戦後、憲法が出来てから、国民がしなければならないのは、まさにそのことです。

大型公共事業は、関係する多くの住民が手をつないで自らがその是非を判断することを求められています。その意味では、多くの住民が手をつないで判断をするということに国民が習熟することを求められているといえます。

行政は、こうした住民の判断を尊重して、大型公共事業を実施する立場にあることを自覚すべきです。行政は、住民をそっちのけで大型公共事業の是非を判断すべきではないのです。国民・長崎県民は、そうした立場から、石木ダム問題を考えることが必要です。

石木ダム建設計画は、治水目的、上水道用水目的の二つの面から検討を要します。しかし、それだけでは不十分です。水没予定地の持つ自然環境、そこで暮らす住民たちの生業《なりわい》もまた大事にすべき価値ではないでしょうか（『小さなダムの大きな闘い』花伝社、六頁以下を参照されたし）。

ダム建設の二つの目的について、弁護団は、長崎県と佐世保市に公開質問状を出し、公開で意見交換をしてきたところです。その内容については、本ブックレットでも詳しく紹介されていますが、その内容について広く国民の間に広げていることが必要です。まず、知ること。そして、これを広く国民・長崎県民の間で話題にすることです。石木ダム問題を解決するにはそのことが極めて重要です。

そして、その闘いの広がりの中で、裁判所や収用委員会はおろか、地方・中央行政をも変え、起業者を包囲・孤立させて、不必要な石木ダム建設を中止していくことが国民・長崎県民のやるべきことです。まさに、「力のある正義」を実現する中でこうした闘いを進めていくことが求められているのです。

第2章　石木ダム事業を廃止に追い込むために

石木ダム対策弁護団　弁護士　平山博久

石木ダム事業を廃止にするという目標と、その目標を実現するための今後の展望を考える上では、私たちがこれまで考えてきたこと、これまで行ってきたことを整理する必要があります。そこでこれから、私たちの運動方針の策定、私たちが実際に行ってきたことを踏まえた上で、今後行っていくこと及び廃止への道筋を示すことにします。

1　石木ダムは現実に建設されていない

地権者が勝利し続けてきたこと

石木ダム建設における地権者の闘争の歴史は五〇年以上前の一九六二年に遡ります。それ以降の経過は、第Ⅰ編で詳述したとおりですが、地権者が闘いを継続した結果、本稿作成時点において、現に石木ダムは建設されていませんし、また、いつ着工し、いつ完成するかという具体的な目途すら立っておりません。

建設計画が持ち上がって実に五〇年以上に亘って、地権者が反対運動を継続し、その結果、現実にダムが建設されておらず、それどころかいつ完成するかといった具体的な目途すら立っていないという成果は大きく評価すべきことです。このことは、石木ダムを建設するための様々な手段を講じてきた起業者に、地権者がその都度勝利し続けていることを意味している、と言い換えることができるのです。

運動方針の基礎

二〇一三年一二月に石木ダム対策弁護団が結成され、それ以降、私たちは、起業者に対して公開質問状を送り、説明会の開催を要求して、これを実現させてきました。

私たちが石木ダム建設反対運動をするにあたって、一番重要視した点は、上述したとおり、現実に、長期間にわたって石木ダムが建設されておらず、且つ、その見込も立っていないという「現実の事実」です。

まず、五〇年余に亘って現実に石木ダムが建設されていないとの事実は、他の利水・治水手段が存在し、本来的に石木ダムが不要であることを、端的に示す何よりの証拠です。本当に公共性が認められ、長崎県民が求めるダムであれば、五〇余年もの時を経ても未だ建設されておらず、建設の目途も立っていないということはありえません。つまり、石木ダムが建設されておらず、その目途も立っていないという現実は、単に私たちだけが石木ダムが不要であると考えているのではなく、長崎県民の総意も同じであることを示しているのです。

具体的運動方針

現実に五〇年以上に亘ってダムが建設されていないとの事実を重視した私たちが取った方針は、訴訟に頼らないダム計画の廃止です。

なぜ、訴訟に頼らない方針を採ったのでしょうか。

それは別に裁判所に対する信頼がないためではありません。また裁判を起こすことを恐れ、あるいは、拒否しているためでもありません。それは、私たちが、石木ダムは不要な事業であるとの確信を持っており、佐世保市民をはじめとする長崎県民に対して、その不要性を支える事実を広く伝えることによって、裁判をするまでもなく、石木ダムは公共性が認められない不要な事業であるとの理解を得られると思っているからです。この事実を起業者側からみれば、私たちは、起業者が石木ダムは客観的に公共性が認められない事業であると認めざるを得ない程度に説明することができる、と考えていることを意味します。

そもそも、私たちは、ダムに限らずあらゆる公共事業の在り方は、行政でも、裁判所でもなく、県民が決めるべきものであると考えています。なぜなら、県の公共事業による利益を享受するのは行政ではなく、県民であるべきと考えるからです。私たちは、その公共事業に対する基本的な考えを、この石木ダム事業を通じて実現しようとしているのです。

2　私たちの運動の到達点

このように、私たちは、
①地権者が起業者に勝利し続けてきたこと
②その結果、現実にダムが完成しておらず、完成する目途も立っていないこと
③それらの事実はダムの公共性がないことを端的に示すものであること
④公共事業の在り方は行政でも司法でもない有権者が判断すべきであること
との理解の下に、公開質問状の提出と、それに関する説明会を、長崎市内（県相手）・佐世保市内（市相手）・現地（両者相手）で実施させる運動を展開し、現実に何度も説明会を開催させてきたのです。

公開質問状と説明会

公開質問状では、起業者が主張する「事業の必要性を基礎づける事実」に対する疑問点に対して、起業者が合理的かつ的確な回答ができないのであれば、それはまさしく「事業の必要性を基礎づける事実が存在しない」ことを意味すると考え、そのような具体的な問題点を多数指摘しました。例えば、起業者が行った水需要予測については、その需要予測を支える（と起業者が主張する）個々の事実が存在しないことを突き付け、起業者の需要予測がいかに不合理なものであるか、保有水源評価もいかに恣意的な客観性を欠くものであったかを公開質問状及び説明会で明らかにしました。

また、治水については、起業者が算出した基本高水流量の算定方法の客観性を問うたり、あるいは、長崎県が石木ダムの必要性を基礎づける事情として声高に過去の水害を主張していたのに対しては、過去に生じた水害の全てを予定されている河川工事によって全て防ぎきることができるとの結論を導いたりして、起業者が県民に対して、水害に対する不安を殊更煽ることによって建設推進運動を進めてきたことを明らかにしました。

これらの利水・治水の両面において石木ダムの公共性が客観的に認められないことの詳細は、第Ⅱ編第2章、3章で述べたとおりです。

そして、私たちは、この公開質問状の送付及びその後の説明会の状況を、報道等を通じて世論に示すことによって、長崎県の皆さんに石木ダムに対する関心を持っていただくと同時に、石木ダムに対する正しい評価をするための資料をお渡しする、という方針を取ってきたのです。

説明要求運動

ところで、起業者は、二〇一四年九月頃から、公開質問状及びその後の説明会におけるやり取りによって、起業者が作り上げた虚構（石木ダムの必要性）が崩れていくのを恐れるようになりました。その結果、地権者の理解を得るために行うべき説明会の開催を拒否し、また、仮に説明を行ってもこれまで以上に十分な説明をしない態度を取るようになりました。

私たちは、起業者のこのような態度に対して、長崎県庁を訪れ、長崎県知事に対して、説明要求運動を行ってきました。私たちが求めたのは、石木ダムを建設するという政策的判断をした長崎県知事が、私たちに対して、直接自分の言葉を用いて、五〇年以上ダムが建設されていない現状でもなお、なぜダムが必要であるのか、ダムに代わる手段はないのか等々、私たちの疑問について説明をすべきであるという点でした。しかし、長崎県知事は、二〇一四年九月以降現在まで前面に出て説明をすることを拒否しており、長崎県の職員に不十分な説明を押し付ける態度に終始しています。

なぜ、長崎県知事はこのような態度を取るのでしょうか。それは、知事自身が、石木ダムの公共性があると私たち及び長崎県民を説得できるだけの資料を持っていないからです。私たちは、二〇一四年九月以降、知事が直接説明をすることを拒否したことから、もはや石木ダムの公共性はないことが確認されたと考えています。そうすると、今後、私たちがやるべきであるのは、本当に必要な治水・利水はどのようなものであるか、そしてそれを石木ダムによらずにどのように実現させるかという、具体的な方針について起業者と協議をするということになります。私たちはこれを行っていく意思を持っています。そのため、今後も、長崎県知事に対する面談と対話を求めていくつもりです。

市民集会

これまで述べてきたように、私たちは真に公共性が認められる必要な事業であるか否かを有権者、これが特に県の事業であれば県民が判断すべき、と考えています。

そして、私たちは、これまでの公開質問状・説明会を通じて、石木ダムに関して、起業者は客観的真実と異なる情報を公表する方法、あるいは、県民の不安を煽る方法、もしくは、必要な事実を公表しない方法を通じて、本来存在しないはずのダムの公共性を説明してきたことを把握するに至りました。

そこで、起業者の石木ダム事業計画が、利水・治水の両面でどれほどずさんで客観的な事実に基づかないものであるかを広く長崎県民に知らせるために、市民集会を複数回実施しました。そこには、石木ダム事業の存在は知っていたものの、起業者たる長崎県・佐世保市が石木ダムは必要であるとの広報活動をしている以上、必要なものであるとの思い込みを持っていた方々が多数参加なさいましたが、そういう方々の中から、「集会に参加して初めて、石木ダム事業がどのような事業であるかを知った」「石木ダム事業は必要のないものであると考えるに至った」などの感想が出ているところです。

私たちは、長崎県民の皆さんが、正しい資料に基づいて正しい判断をするためにできるだけ多くの資料と考える機会を提供する必要があると感じています。そのため、これまでと同じくどなたでも参加できる石木ダムについて考える集会を今後も長崎県内で行っていく予定です。ぜひ、長崎県民の皆様には石木ダム問題を取り上げた集会に参加していただき、石木ダムの公共性を判断するための資料と真正面から向き合い、また、土地を収用されようとしている地権者の声、弁護士・ダムの専門家の意見に耳を傾けて下さるようお願いします。

3　今後の展望

追い詰められた長崎県の現状

これまで述べたとおり、地権者、支援者、弁護団、専門家等が協力しながら、石木ダム事業は不要な事業である、長崎県民はこの事業を望んでいない、その事業に要する巨額の予算があれば、より県民が真に求める事業に利用できる、との考えに基づき運動を展開してきました。

これに対して長崎県は、地権者に対して理解を得るべく説明を継続すると書面で述べはするものの、実際には説明会を拒否し、且つ、説明要求行動をしていた地権者等に対して妨害禁止仮処分申立を裁判所に行い、長崎県収用委員会に対して収用裁決申請・明渡裁決の申立を行うなど強気の姿勢に出てきました。これは起業者が私たちの運動によって追い詰められていることを意味します。というのも、起業者は、石木ダム事業の対象土地全部につき、裁決申請・明渡裁決申立をするのではなく、一部を切り取って申請・申立をしています。

起業者が地権者の一部を切り取って申請・申立をしたのは、私たちの運動の高まりと正しい資料が世論に公開され続けることを通じて、長崎県民の総意が石木ダム建設を望んでいないことが確認されることを恐れているためです。つまり、起業者は、地権者の一部について申請・申立をすることによってその内部的な切り崩しを図ったのです。なお起業者は過去にも同じように内部の切り崩しを図ろうとしたことがあります。その点については第Ⅰ編の岩下和雄さんの執筆を参照ください。長崎県知事・佐世保市長らが、地権者らを説得する意思が全くなかったにもかかわらず、パフォーマンスとして、予め連絡をした報道機関を随伴させた上で、突然地権者宅を個別訪問したり、また、県の広報誌にて石木ダムの必要性に関するQ＆Aを発行して県民に広く配布したりする行動も、逆に言えば、いかに起業者が追い詰められているかを示しています。

このように、「石木ダムは不要である」「より県民の利益に資する方法にお金を使って欲しい」という長崎県民の総意が形成されている、少なくとも今まさにそうなろうとしていることを起業者が認識したがゆえに、これを打開する手段として、仮処分申立、収用裁決申請、明け渡し裁決の申立を行い、その他パフォーマンス行動、広報活動に力を入れるようになっているのです。

今後、長崎県がやるべきこと

①新たな地域再生計画を策定すべきこと

これまで述べてきたとおり、石木ダム事業については、五〇年以上に亘って現実に建設されておらず、且つ、建設の見込みも立っておりません。さらに、石木ダムが必要であるとする長崎県の言い分は、利水面・治水面の両面において資料に基づかない恣意的なものであって、私たち、ひいては、石木ダム建設によってその負担を強いられる長崎県民の理解を得られないことは客観的に明らかとなっています。

これに対して、追い詰められた長崎県は、私たちから示された現実、長崎県民から示された現実に目を背けた上、必要性のないことが明らかとなった石木ダム建設に固執し続けて、悪あがきを続けています。

しかし、長崎県が行うべきは石木ダム建設に固執し続けることでないことは今さら指摘するまでもありません。今長崎県が行うべきは、私たちが長崎県に突き付けた石木ダムの必要性がないことを示す事実、そして石木ダム建設を受け入れることができないという長崎県民の声に正面から向き合い、長崎県がこれまで採ってきた石木ダムに固執する方針に大きな誤りがあったことを認めると共に、石木ダム建設事業を撤回し、これに替わる利水計画・治水計画を含んだ新たな地域再生計画を策定することに他なりません。

②この国のあるべき公共事業の在り方の発信者となること

また、石木ダム事業について、地権者から具体的に示された合理的な疑問点や、これに反対する長崎県民の総意を受け止め、誤った方針であったことを確認し、より長崎県民のためになる地域再生計画を策定する方針へ転換することは、長崎県から全国に対して、この国における公共事業のあるべき姿を発信することでもあります。

すなわち、第Ⅱ編第1章あるいは第5章で詳細に述べたとおり、公共事業は、住民のためにやるものであり、一握りの「政・官・財」のためにやるものではありません。

ある公共事業をやるかやらないか、どのようにしてやるかは住民自らが決めていくことが必要なのです。さらに、その考えをこの国のルールに位置づけた上、そのルールを実現するための制度を作り上げることが、今、国民に要求されているのです。

その意味で、これまで「政・官・財」のための公共事業として石木ダム事業を推進してきた長崎県が、地権者の合理的な疑問点や、長崎県民の総意を受け止め、誤った方針を採ってきたことを確認し、より長崎県民のためになる地域再生計画を策定する方針へ転換することは、公共事業は住民自らが決めて行くというルールを長崎県自身が実現することに他ならないのです。

このように、私たち長崎県民ひいては日本国民が、長崎県に対して、この国におけるあるべき公共事業の在り方を発信する行動を採ることを期待していますし、長崎県は、今こそ、その期待に応えるべきなのです。

私たちが考える展望

①地域再生に協力する意思があること

長崎県の現状、そして今後、長崎県がやるべきことはすで述べたとおりです。

今後、長崎県がこれまでの方針を転換して、新たな地域再生事業への取り組みを考えるのであれば、私たちはこれまで利水・治水面で学んできた様々な事実、資料、知識を持った上で、長崎県に協力する意思を持っています。

例えば、利水や治水に関して、広く長崎県民に対して、石木ダムに替わる手段に関する情報・資料を提供し、地域再生を考えるための県民討論集会を企画するなどして、長崎県民の意見を取り入れ、その意見に沿った政策実現のために協力する意思を持っているのです。私たちは、石木ダム事業に反対しますが、それはすでに述べてきたように、種々の点で石木ダム事業が問題を抱えているからであり、一般的抽象的に利水・治水の必要性を否定するものではありません。

②私たちの決意が揺るがないこと

他方、長崎県知事が現実から目を背け続け、長崎県民の総意に反する方針を維持するのであれば、私たちは今後も、必要性が全く認められない石木ダムに固執する長崎県の方針、ひいては誤ったルールである「政・官・財」のための公共事業を維持し続ける長崎県の方針が、いかに理不尽・不合理なものであるかを長崎県民に対して訴え、県民に確認してもらい、長崎県民とともに長崎県に対して突き付けていく決意をしています。そして、その決意はこれまで長崎県が行ってきた些末な切り崩しによって揺らぐことは絶対にありません。

長崎県の石木ダム事業に関するこれまでの方針の策定は、長たる長崎県知事によってなされています。

このブックレットを長崎県知事自身がみれば、長崎県はこれまで採ってきた方針が誤ったものであることを認めざるを得ないはずです。長崎県知事が、このブックレットで指摘された個々の事実に目を背けずに正面から向き合えば、これまで採ってきた上記方針を改めざるを得ないはずです。その長崎県知事の決断を長崎県民は待ち望んでいます。

今こそ長崎県知事が責任をもって決断すべき時なのです。その長崎県知事の決断によって、今後の長崎県政の展望、石木ダム事業廃止の展望、この国のあるべき公共事業の在り方の展望が同時に開けることになるのです。

以上が地権者、佐世保市民、長崎県民、さらには国民が望んでいる石木ダム事業の展望なのです。

第３章　石木ダム事業廃止後

第１節　こうばるのふるさと再生――事業廃止後、どうやって地域を再生するか

石木ダム対策弁護団　弁護士　鍋島典子

１　起業者により、地域社会は破壊されつつある！

人は他者とつながり、協働して社会生活を送っています。人と人のつながりが地域を作り、人々の生活を支えているのです。ダム建設事業は、その人のつながりである地域を破壊する行為です。

石木ダムにより水没予定の川原地区には、現在一三世帯六〇余名が居住し続けていますが、かつてこの地区には約三〇世帯が居住して一つの地域社会を形成していました。また、同じく石木ダム建設予定地区の木場地区には約五〇世帯、岩屋地区には約三〇世帯が居住してそれぞれが地域社会を形成していると同時に、各地区同士が交流をしながらさらに大きな地域社会を形成していました。

当該地域に住んでいた人々は、そこに家を建て、家族で住み、子どもを育て、その家から仕事に行き、田畑を耕し、作物の収穫を得て生活をしていました。子どもたちはそれぞれの家を行き来して遊び、同じ年頃の子どもを持っている親同士はお互いに子どもたちの様子を話し合い、お互いの子ども

の様子を自然とみる関係を築いていました。田畑でできた作物はおすそ分けをしあい、お互いの田畑の様子を見ながら協力して土地の管理をしていました。地区の祭りともなれば地区の住民それぞれが料理を持ち合って集まり、飲食を共にし、ひとときの楽しい時間を共有していました。

このように、かつてのこうばる地区には、古き良き農村地域の人々のつながりがあり、人々はそのつながりを受け継ぎ、その恩恵を互いに受けながら、それを未来に受け渡しながら、生活していました。

しかし、石木ダム建設事業が計画されたことによって、事業者である長崎県と佐世保市は、ダム建設予定に居住していた人々に移住を無理強いし、既にこうばる地区の半数以上の世帯が移住していきました。それによって、これまで行われていた地域の人々の交流が激減し、これまで皆で協力していた田畑の管理や農業用水の管理、地域共有地の管理も残った人々で行わなければならなくなりました。

この一部住民の移転は、単に物理的距離による地域社会の破壊をもたらしただけではありません。移転する人々と、しない人々との間には、距離的断絶に加え、広く深い精神的断絶が生じてしまいました。当初はともに石木ダム事業に反対していたこうばるの人々の中で、行政の思惑とそれぞれの事情によりこうばるから移転する人々が出てくるのです。その過程で、人々の中に石木ダムに断固として反対するのか、それとも受け入れるのかという対立も生まれます。こうばるから出て行った人々が、あたかも石木ダムに全面的に賛成しているかのように思われてしまうことも、悲劇を生みました。その結果、もとはこうばるで一つの地域社会を形成して助け合って生きてきた人々が、今では対立関係にあるかのように印象付けられてしまい、そのことがますますこうばるに残った人々と移住した人々の精神的な断絶を深くしています。

このように、石木ダム建設事業は、こうばるの人々が脈々と受け継いできた地域での生活、地域社会を破壊しつつあります。そして、現在こうばるに残り続けている一三世帯の人々がこうばるから離れることがあるならば、こうばるの地域社会は完全に破壊されてしまうのです。

2　地域の再生へ——地域経済の再生と地域社会の再生

ダム建設事業によって破壊された地域や破壊されつつある地域は、事業が廃止されてもそれによってすぐに元の地域に戻るわけではありません。移住してしまった人々は、事業が廃止されたとしても元の住居に戻るとは限りませんし、人々のつながりも自然と元に戻るわけではありません。また、地域経済は破壊されたままです。そのため、ダム建設事業によって破壊された地域は、事業廃止後には、地域の破壊という重い被害を抱えてその被害からの回復、すなわち地域再生を目指すことになります。

この点、地域経済の再生については、日本で初めて国営ダム事業の中止を成し遂げた川辺川ダムの水没予定地であった熊本県五木村が、一つの指針を示しています。五木村では、川辺川ダム建設事業によって、かつては六〇〇〇人以上いた村民が一五〇〇人以下に減少し、これによって地域経済が急速に崩壊しました。川辺川ダムの建設が中止された後、五木村では、地域再生および村民の生活再建のための方策が村を挙げて考えられています。

川辺川ダム事業中止後に五木村村長に就任した和田拓也村長は、産業観光や林業の振興を主な柱にして、地域再生および地域経済の復興を果たそうとしています。具体的には、五木村の焼き畑農業体験や茶もみ体験などの体験型の観光や、五木村の山でとれる材木を産業にすることを考えています。ほかにも、五木村の特産や川辺川の清流、天体観測ができる環境を売りにした五木村の売り出し方を検討しているようです。実際に、熊本市内で五木村の特産を扱った「五木村フェアー」を行い、一定の収益を得たという成果も上げています（『川辺川ダム中止と五木村の未来』子守唄の里・五木を育む清流川辺川を守る県民の会編、花伝社）。五木村は、地域の自然という資産を活用した村民主体の地域再生を目指しており、まさに本来の地域再生のあり方といえます。

そして、石木ダム建設予定地であるこうばる地区も、地域の自然という資産を活用した地域再生が可能です。すなわち、こうばる地区を流れる石木川は、長崎県でも有数の清流であり、県内でも少なくなったゲンジボタルの群生地です。そこで、こうばる地区の人々は、約二五年前に「こうばるほたる祭り」を始めました。このお祭りは、ホタルの時期に合わせた週末にこうばる地区の空き地に地区の人々が手作りの食べ物やぜんまいなど地域の特産を扱う出店を設け、歌や踊りを披露するステージを設置し、ほかの地域の人々を呼んで楽しんでもらうというものです。日が暮れ始めると全員河畔に寄り添ってホタルの乱舞を愛でます。他にも、こうばるの自然の中を歩くイベントも不定期で開催されています。

このように、こうばる地区は、地域の自然という資産を活用して再生を始めているのです。そうすると、石木ダム事業が中止となった際には、こうばる地区は変わらずにこの地域再生の動きを続けるのみであって、それに加えて、現在のこうばる地区の住民は、こうばるの自然と共生する生き方に賛

こうばるほたる祭り（2014 年 5 月 31 日）

同してこうばる地区に移住してくる人々を迎えることになるはずです。

また、長崎県が手に入れているダム予定地はもとの田畑として復活され、四季の移り変わりを堪能できる土地として再生されるのです。

もっとも、こうばるの人々は、地域経済の再生だけでなく地域社会の再生も目指さなくてはなりません。そのため住民は、いったんこうばるから移転した人々ともう一度一緒に地域社会を再構築することも、目指すことになります。先ほど述べたように、こうばる地区を離れた方と、現在残っている一三世帯との間には、時間的距離的、そして精神的に大きな断絶があります。これを修復して、みんなが昔通りに一緒に地域社会を構築することは確かに相当困難かもしれません。

ただ、この点では水俣病問題における「もやい直し」が参考になると思われます。水俣病の悲劇は、その病状のすさまじさだけではなく、本来は痛みを共有しあい助け合えるはずの患者同士の分裂や深刻な対立といった「人と人」の分裂を生んだことにもあります。「もやい直し」とは、水俣病の発生により損なわれた人々の絆や「人と人」のつながりを紡ぎなおすことをいいます。そして、水俣での「もやい直し」の鍵になったのは、「対話」です。市民一人ひとりが水俣病問題に向き合えるようなイベントを展開し、問題の根幹を見つめ、被害を被害として認めることで、水俣病の現実を受け止め「人と人」の関係を対立から絆へと紡ぎなおしていったのです。

こうばる地区でも同じことではないでしょうか。現在こうばるに残って石木ダムに反対し続け住家を追われそうになっている人々だけが被害者ではありません。移転した人々も好き好んで出て行ったのではなく、苦渋の選択だったはずです。そして、その方々に、そういう残酷な選択を強いたのは、いうまでもなく起業者です。問題の根幹をとらえて対話をするとき、石木ダム問題の被害者はこうばるに居住していたすべての住民ということがわかるはずです。

そして、そのことが両者の共通認識となった時、こうばるに残った人々と離れた人々との間の断絶は解消され、人々は、もう一度元の住家に、畑に、田んぼに戻ることも、もしくは、たまにこうばるの故郷を訪れて豊かな心の交流を行い、懐かしいひと時をすごすことも可能となるはずです。少なくとも、今、こうばるに住み続けている人々は、かつての仲間たちの帰還を喜んで受け入れるでしょう。

3　さいごに

こうばるの再生は、こうばる地区を元に戻すことのみを目指すものではありません。詳しくは他稿に譲りますが、本来の地域再生は、地域をあるべき姿に戻すことであって、あるべき「まちづくり」と地方自治の問題です。そして、その「地域」には、こうばる地区のみならず、川棚町、佐世保市に加え、長崎県までも含みます。これから地域再生を目指すにあたっては、これまで石木ダム建設費用とされていた予算を県民および地域住民のためにどのように使うべきかが考えられなければならないのです。

加えて、こうばるの再生は、こうばる地区だけの利益になるものではありません。こうばる地区がある川棚町でも、こうばるの自然に価値を見出した地域振興が可能なはずです。こうばる地区をダムの底に沈めるということは、その未来を沈めることでもあります。そして、環境保護が叫ばれ、世界的に脱ダムの潮流が起こっている現在、不要な石木ダムを建設するより、こうばる地区の自然を守りその地域の再生を支援し進めることが地域住民のみならず長崎県民の利益にもなります。

そして、石木ダム事業を中止し、こうばる地区の住民の住家が守られるとき、他の地域の住民には、こうばるの人々を守ったという誇りも、与えてくれるに違いありません。「もやい直し」はこうばる地区の人々と他の地域の人々との間でも行われるものなのです。

第2節　石木ダム事業廃止は全国にどのような影響を与えるか

水源開発問題全国連絡会　共同代表　遠藤保男

1　日本のダム事業＝土地収用法も適用する「先ずダムありき」

最近のダム建設事業には、治水や利水、あるいは河川の正常流量確保とか、異常渇水対応などの目的がつけられていますが、その根拠を科学的に検証すると、こじつけに過ぎないことが分かります。「不要なダム」の建設が横行しているのです。

ダムは川の流れを遮断して貯水域をつくる河川構造物ですから、多くの問題を引き起こします。例えば、河川の流れを遮断することによる生態系破壊、貯水することによる水質悪化、水位変動に起因する周辺傾斜地の地盤滑落、土砂の流れ遮断が引き起こす上流域の洪水被害と下流域の海岸線浸食、水没予定地住民の生活破壊、地域社会破壊等々、ダムとダム建設事業は様々な弊害をもたらすのです。

さらにダム事業は巨額な経費を要しますが、その費用を起債という借金でまかなうため、次代の人たちに返済義務がのしかかります。「地域活性化」と言われていますが、ダム建設事業は地元の建設業者には手に負えませんから大都会に本社を持つゼネコンが受注することになります。地方自治体内に落ちる金より、ゼネコンが本社を置いている大都会に持って行かれる金（事業費）の方が遙かに多く、地域活性どころか地域持ちだしになってしまうのです。

また、ダム事業が予定されているが故に、洪水常襲地帯対策が施されていない地域も多々あります。ダムによる治水はダム集水域に想定された降雨があるときだけ効果を示すので、確率の悪いバクチです。他方利水面でも、全国至る所で人口減と節水システムの普及により水需要の減少が続き、水需要増加は見込めない状況にあります。

このように、ダムのみならずダム建設事業自体がもたらす弊害と、ダムによる効果が極めて限定されていることが明らかになってきましたので、ダム事業に再考を求めるダム反対運動が全国で起きています。しかし残念なことに、起業者が再考してその事業を中止する例は極めて少ないのです。必要性について原点に返っての論議を求めても、起業者は「既に説明済み」と言い張って応じません。「先ずダムありき」なのです。

新内海ダム、辰巳ダム事業の場合は、水没予定地の地権者が当該ダムは不要、として地権の譲渡に応じませんでした。そこで起業者（新内海ダム開発は香川県、辰巳ダムは石川県）は土地収用法を適用して地権を強制収用して事業を遂行しています。これら二つは共に、水没予定地の地権者がそこに居住はしていませんでしたので、物理的立退きはありませんでした。しかし、石木ダム予定地の居住民はまさに物理的立退きを強要されているのですから、これら二つの事業でなされた財産権の侵害に、更に生存権他の基本的人権侵害も加わるのです。

2　石木ダムが提起している問題

石木ダム事業は、一三世帯約六〇人もの居住者に対して土地収用法を適用し、その方々を排除することで成り立つという極めて特異な問題を抱えています。

起業者（長崎県・佐世保市）が申請している収用裁決・明渡し裁決を長崎県土地収用委員会が認めたとしても、一三世帯約六〇人の居住者は、「ただここで生活を続けたいだけ。必要性のない＝公益性のない事業に生活の場を明け渡すことはできません」と言うしかありません。そうなると起業者は、ダム事業のために行政代執行を申請して物理的に居住民を排除することになります。日本における前代未聞の蛮行となるのです。

一三世帯約六〇人はこれまで常に、起業者を代表する長崎県に対して「石木ダムの必要性について原点に返って話し合おう」と提起してきました。しかし長崎県は拒否し続けてきています。

石木ダム事業を巡る紛争が提起しているのは、「事業の必要性を原点に返って話し合うことを拒否して、行政代執行で物理的に居住民を排除させてよいのか」ということです。「必要性が極めて脆弱な石木ダム事業による、財産権を超えた基本的人権侵害」が許されてよいのか、ということなのです。

3　石木ダムで勝利するには合意形成の道を

石木ダムで勝利にする道は二つあります。その第一は起業者が断念すること＝自主解決です。その第二は事業認定不服審査請求や事業認定取消し訴訟などの訴訟で、事業の公益性が、失われる利益よりも小さいと裁定されることです。ここでは自主解決の道を探ってみましょう。

「公共事業はその地域住民が必要とすることによって初めて事業として企画されるのが本筋」です。公共事業を行うのは基本的に政府・地方自治体ですが、自治の主権者である関係住民と事業主体の合意が形成されて初めて、「公共事業」として認められるはずです。企画から事業決定、実施、見直し、アフターケアに至るまで、全ての過程において合意形成が大前提となります。ダム事業もひとえにその事業関係者間の合意形成がなされていたか否かが問題になります。

一九九七年の河川法改正で第十三条の二（河川整備計画）が盛られた最大の背景は、「河川整備は河川管理者だけで進めるのではなく、流域関係者との合意形成を以て進めないと、本来の河川整備事業を進めることは不可能である」ことを国交省の河川業務担当者が自覚したことにあります。流域関係者が河川整備に向けて、自分たちにとって、「川とはなんぞや」「川のあって欲しい姿とはなんぞや」という意識を根底に持って、合意形成を目指します。

当該ダムの必要性（有効性）はどの程度あるのか、ダムによる河川環境への弊害はどの程度なのか、地域社会に与える影響はどの程度なのか、建設費および関連事業費の財源負担に問題はないのか、などの諸事項に合意がなされて初めて事業が決定されるのであれば、問題はありません。石木ダムの場合も、合意形成を基本に据えていたならば、事業を進めるのか中止するのかの選択は遙か前に決着が着いていたはずです。

4　石木ダム事業の場合、合意形成はまったく意識されていなかった

石木ダム事業を合意形成の視点で検証してみましょう。

この事業を遂行するには計画段階で五四戸の居住民を排除しなければなりませんでした。最初からダム予定地住民は排除の対象でしかなかったのです。現在は一三世帯約六〇人が「必要のない石木ダムに生活の場を明け渡すことはできない」と石木ダムの必要性について話合いを求めていますが、長崎県は拒否し続けています。起業者長崎県・佐世保市は、水没予定地住民を合意形成の相手どころか、いまだに、排除する対象としてしか認識していないのです。その結果として土地収用法を適用し、最終的には行政代執行できる道を、現時点では長崎県と佐世保市は選択しています。

5　石木ダム勝利が示すもの

石木ダムの必要性についてその原点に返って話し合うならば、本書で既述した数々の問題が衆目に明らかにされ、「石木ダム不要」の合意が受益予定者にも形成されるはずです。そうなれば、起業者

は石木ダムを断念せざるを得なくなります。

その意味で、石木ダムに勝利することは、

①まず「必要性がないダムには居住地を明け渡すことはできない、を貫き通しての勝利」は、全国を元気づけます。

②無駄な公共事業から人権・地域の自然・地域社会を守ったこと、無駄な財政出費回避できたことが全国に知れわたります。

③「合意形成無しにダム事業を進めることはできない」を実践として示すことになります。

④長崎県民・佐世保市民・川棚町民は合意形成を基本に据えた県政・市政・町政を手にできます。

⑤その結果、それらは公共事業のあるべき姿として広く受け継がれるでしょう。

⑥そして、地域社会のあり方、守るべきものは何なのか、どうすれば守ることができるのか、を全国の皆さんに気付かせてくれるのです。

今まさに、そうなろうとしているのです。

第4章　私たちは、これからもたたかい続ける

石木ダム建設絶対反対同盟　岩本宏之

「いやぁ、おもしろかったぁ」

これは、二〇一五年一月一三日から一六日まで行われた、長崎県による「ダム本体工事に必要な用地の収用裁決申請に向けた土地及び家屋の立入調査」とたたかった地元の女性たちの発言です。「四日間にわたり、いつ来るかも分からない県職員を待ち構え大変だったでしょう」と、問われたことに対する反応です。地元の女性たちは、連日の阻止行動の前面に立ち、合せて支援者を含む仲間の昼食の炊き出しに精を出しました。本当は疲れたでしょうが、この明るさが石木川のふるさとを支えています。このふるさとでは、一三世帯六〇人がひとつの家族のような暮らしをしています。特に女性は明るく元気です。


「ここにダムができるなんて全然思わない」

これもこのふるさとでは共通の認識です。国によって事業認定が告示され、一部の土地が長崎県収用委員会へ収用裁決申請されて、収用委員会の審議にかけられている現状に直面しても、誰ひとり動じる者はいません。石木ダムが必要とは誰も思っていないからです。強制収用と行政代執行が目の前に迫っているのに、付替道路も何もまだ出来てはいないのです。逆に何も進んでいない中で、強制収

用や行政代執行など行う道理が通るはずがないと思うわけです。

何でそう思うかと言いますと、私たちは長崎県や佐世保市が進めてきた石木ダム事業推進劇をずっと見続けてきたわけです。そうすると県や市のやり方が見えてくるわけですよ。起業者である県や市は情報を沢山持っていますが、起業者は自分たちに都合のいい情報しか出しません。石木ダムに関しては事業そのものの必要性がない、あるいは薄らいでいるのに、県や市は必要性よりダムを建設すること自体が目的となってしまい、いろいろ誤魔化してでもいいからダムを造ってしまえということをやっているわけです。長くダム問題に関わっていると、この誤魔化しの手法がピィーンと分かるようになるわけです。だから誰も県や市を信用していませんので、県や市が切羽詰まった状況を作り出そうとしても驚かないのです。

各地のダム建設でも誤魔化しの手法で関係者を泣かせていますね。その一例ですが、架空の豪雨被害をでっち上げ完成された天草・路木ダムでは、熊本地方裁判所が路木ダム事業に「違法」との判決を下しました。また、二〇一二年に完成した当別ダムでは、ダム建設時まで札幌市が二〇三五年に水不足になるからと過大な水需要予測をたててダム建設を推進しましたが、当別ダムが完成すると、札幌市は今後の水道ビジョンを発表、その中で計算をやり直して水需要を大幅に下方修正しました。この事例、ダムさえ造ってしまえばどうでもいいという、ダム建設自体が目的化してしまっていたわけです。

「歯がゆかよね。また騙された」

取り付け道路工事の準備工事に対する現地行動（2014 年 7 月 25 日）

これは付替道路工事の抗議行動を続ける中で、関係者二三名が長崎地方裁判所佐世保支部に「通行妨害禁止仮処分命令申立事件」として、長崎県から訴えられた時の女性たちの反応です。一三戸から一人ずつ、世帯主や世帯主の代わりに現場に参加していたおばあちゃん三人も対象とされていました。

「汚なかね。我しらんごとある者まで訴えるとは……」

県から訴えられたおばあちゃんたちも、裁判所へ通うことになりました。

「死ぬ前に一回ぐらい刑務所に入ってみるのも経験かもしれん」と。

「おいおい、私たちは何も悪いことはしとらんとやけんね」と言いながら、私たちはこの事件がダム反対者の団結を更に強めていることに自信を深めたのです。

「ふるさとを守ろう」

私たちの頭の中からダムのことが離れることはありません。ダム問題が解決しない限り仕方のないことですが、長崎県も佐世保市も本当に罪作りですよね。長いたたかいは続いていますが、私たちの「ふるさとを守ろう、ここに住み続けたいだけ」という思いは、石木ダム建設計画が持ち上がった当時から一貫して変わることはないのです。だって日本国憲法にはっきり書いてあるではないですか。「日本国憲法第一三条〔個人の尊重と公共の福祉〕：すべて国民は、個人として尊重される。生命、自由及び幸福追求に対する国民の権利については、公共の福祉に反しない限り、立法その他の国政の上で、最大の尊重を必要とする。」

私たちは自信を持ってこれからもふるさとを守るためにたたかい続けます。

石木ダム反対運動年表

一九六二年	長崎県は川棚町と地元に無断でダム建設を目的に現地調査・測量を行うが、地元・川棚町の抗議で中止
一九七一年一二月	長崎県は川棚町に石木ダム建設の為の予備調査を依頼
一九七二年七月二九日	長崎県と川棚町は「予備調査はダム建設につながらない」と住民に説明。「地元の了解なしではダムは作らない」とする覚書を長崎県、川棚町と結び地元は予備調査に同意する
一九七四年一二月	川原（こうばる）・岩屋地区で「石木ダム建設絶対反対同盟」結成、翌年一〇月木場地区も加わり三地区となる
一九七九年	県職員・町職員の「酒食もてなし」などによる同盟幹部への切り崩しが卑劣化する 危機感を持った川原地区の青年を中心に「ダムから故郷を守る会」を結成しダム反対の理論闘争を始める
一九八〇年三月	同盟幹部の切り崩しによって反対同盟を解散する 三月一四日、川原地区二三世帯をもって新たに「石木ダム建設絶対反対同盟」を結成。翌年五月木場地区三三世帯も加入
一九八二年四月二日	長崎県は土地収用法一一条に基づく測量調査を告示、川棚町もこれを受理
一九八二年五月二一日	長崎県は延べ七日間にわたり機動隊（一四〇名）を導入し抜き打ちで強制測量を開始 反対同盟（小・中学生も学校を休んで参加）と支援者は連日座り込みで阻止行動を行う（地元住民七名が負傷）。長崎県は地元・県民の強い反感により強制測量を中止航空写真で済ませる
二〇〇四年八月三〇日	佐世保市は反対同盟の「過大な水需要予測」に対しての抗議で計画取水量を「最大取水量六万t／日から四万t／日」に下方修正する

二〇〇七年二月	長崎県が佐世保市の計画取水量の見直しに伴い、ダム計画を縮小「総貯水量約一九％減の五四八万トン」に変更
二〇〇九年五月三一日	シンポジウム「強制収用は許さない」を川棚町公会堂で開催、参加者五〇〇名。田中康夫氏、今本博健氏、荻野芳彦氏が参加、治水・利水両面で「石木ダムは不必要」と断言
二〇〇九年一一月九日	長崎県と佐世保市が、一部の反対者によってダム建設が進まないと国土交通省九州地方整備局に事業認定の申請を行う
二〇一〇年三月二四日	長崎県が地元との約束（付替え道路工事開始日通知）を守らず工事を開始。反対同盟は支援者と共に二七日より連日作業道路入口に座り込み阻止行動を行う
二〇一〇年六月二六日	反対同盟や支援者による阻止行動により、県は付替え道路工事を中断。二〇一二年三月二六日付替え道路工事工期期限切れで契約を解約し、補助金を国に返還する
二〇一〇年一二月一一日	民主党政権下での「コンクリートから人へ」政策で、石木ダムも「検証・検討」会議が始まる。私達も検証・検討の場に参加できるよう再三要請したが起業者のみの検証となった
二〇一一年五月九日	たった三回の検証・検討会議で石木ダムが他の案に比べて優位と結論。長崎県事業評価監視委員会で複数の委員から疑問の声が上がったものの、委員長の判断で石木ダム事業継続と意見をまとめ、国へ報告
二〇一二年四月二六日	長崎県からの石木ダム事業継続の報告を受け、国交省の「今後の治水対策のあり方に関する有識者会議」が開催され「地域の方々の理解が得られるように努力することを希望します」との意見を付けて継続と了承された
二〇一三年三月二二日	九州地方整備局が石木ダム事業認定の為の公聴会を川棚町公会堂で開催、反対意見一二名（うち同盟三名）、賛成意見八名
二〇一三年九月六日	国土交通省九州地方整備局、長崎県、佐世保市が申請した事業認定を認可

二〇一三年一一月九日	「やめさせよう石木ダム建設！全国集会」開催（長崎原爆資料館ホール）。出席者三三〇名
二〇一三年一二月五日	石木ダム対策弁護団結成・決起集会
二〇一三年一二月二七日	石木ダム対策弁護団と石木ダム反対五団体は、石木ダムの必要性について県知事に公開質問状を提出（県庁別館（県河川課が対応）、参加五〇名）
二〇一四年一月九日	公開質問状への回答なしで県へ抗議（日生ビル三階会議室（県河川課が対応）、参加五〇名）
二〇一四年一月二四日	県より「公開質問状に対する回答について」の文章が、石木ダム対策弁護団他五団体に送付される。「実質的な回答拒否」その後回答拒否への抗議と、再質問状を提出し県と交渉を計三回行うが、ダムの必要性について明確な回答は得られず
二〇一四年二月二一日	石木ダム対策弁護団と石木ダム建設反対五団体は、利水の必要性について佐世保市へ公開質問状を提出
二〇一四年三月一四日	佐世保市と公開質問状への回答説明交渉を行う（水道局四階会議室（水道局が対応）、参加五〇名）。五月二三日まで計三回交渉を行うが、その後の「公開質問状」に回答拒否している
二〇一四年四月	長崎県石木ダム付替え道路工事発注
二〇一四年七月一一日	長崎県知事、石木ダム対策弁護団と反対五団体の交渉へ初めて出席（川原公民館、参加五〇名）。長崎県がこれまで行った「川棚川の河川改修で（一部は残っているが）これまで記録に残る洪水は防げる」と初めて明らかにする
二〇一四年七月二五日	長崎県が土地収用法三五条により収用裁決準備の土地立ち入り調査のため現地に来るが、反対同盟と支援者の阻止行動で二日間で中止（阻止参加延べ一二〇名）

二〇一四年七月三〇日	長崎県、石木ダム付替え道路工事に着工。反対同盟と支援者は工事現場入口で阻止行動を行う。八月七日、県は阻止により工事に着工出来ないため長崎地方裁判所佐世保支部へ通行妨害禁止仮処分申請を行う。裁判所の判断が出るまで工事を中断する旨通告
二〇一四年九月五日	長崎県が四世帯の農地に対し収用裁決申請を収用委員会へ行い受理される
二〇一四年九月一八日	通行妨害禁止仮処分第一回審尋が長崎地方裁判所佐世保支部で二三名に対し行われる
二〇一四年一二月八日	通行妨害禁止仮処分第三回審尋が行われ結審する。判決は三月初旬ごろ
二〇一四年一二月一六日	四世帯の土地について使用委員会の審理が開始される
二〇一五年三月一六日	通行妨害禁止仮処分の決定が地方裁判所佐世保支部より通知される。二三名中一六名に通行妨害禁止処分が決定する
	収用委員会には申請されていないが、ダム本体工事に必要な用地について、土地・家屋四軒が採決に向けての手続きの開始の告示が一一月二五日になされている

石木ダム問題ブックレット制作委員会

連絡先：〒806-0021　福岡県北九州市八幡西区黒崎３丁目 1-7
アースコート黒崎駅前 BLDG. ４階
黒崎合同法律事務所　弁護士 平山博久

石木ダムの真実
ホタルの里を押し潰すダムは要らない！——ふるさとを守れ！　13世帯、執念の戦い

2015年6月15日　初版第１刷発行

編者 ——石木ダム問題ブックレット制作委員会
発行者 —平田　勝
発行 ——花伝社
発売 ——共栄書房
〒101-0065　東京都千代田区西神田2-5-11出版輸送ビル2F
電話　03-3263-3813
FAX　03-3239-8272
E-mail　kadensha@muf.biglobe.ne.jp
URL　http://kadensha.net
振替 ——00140-6-59661
装幀 ——佐々木正見
印刷・製本—中央精版印刷株式会社

ISBN978-4-7634-0743-6 C0036

小さなダムの大きな闘い
――石木川にダムはいらない！

石木ダム建設絶対反対同盟
石木ダム問題ブックレット編集委員会　編

定価（本体 900 円＋税）

●半世紀にわたるふるさとを守る闘い
長崎県東彼杵郡川棚町岩屋郷川原の石木ダム事業計画。ホタル舞う里をおそったのは「治水」「利水」いずれの面でも合理的な理由のないダム計画であった。水没予定地区の 60 人の暮らしと、かけがえのない自然を守りたい。脱ダム時代に考える、ダム建設の是非。